按月龄
基础篇

跟着拾爸做辅食

30 分钟搞定
宝宝爱吃的营养餐

拾味爸爸　著

中国轻工业出版社

目录

 如何科学喂养
我家宝宝

6～18个月
宝宝辅食添加计划

3 18～24 个月
宝宝辅食添加计划

4 24～36 个月
宝宝辅食添加计划

5 36 个月及以上
宝宝儿童餐添加计划

1

如何科学 喂养我家宝宝

顺应喂养和
一日膳食安排

　　对满6月龄（出生180天后）~2周岁内（24月龄内）的婴幼儿而言，母乳（或配方奶）仍然是重要的营养来源，但单一的母乳（或配方奶）喂养已经不能满足宝宝对能量和营养素的需求。随着宝宝胃肠道等消化器官的发育逐渐完善，生理、心理，以及认知行为能力的进一步加强，这时候的宝宝已经做好接受新食物的准备。

　　在继续母乳喂养的同时，及时的补充喂养（Complementary feeding）就显得尤为重要。补充喂养的食品，也叫辅食，是指除了母乳、配方奶之外的其他各种性状的食物。

　　世界卫生组织（WHO）推荐，对7~24月龄宝宝宝宝辅食添加时期最重要的指导原则，就是顺应喂养（responsive feeding）。顺应喂养是在目前比较受推崇的养育方法——顺应养育（responsive parenting）框架下发展起来的喂养模式。这种喂养模式和传统喂养模式最大的区别，就是更强调尊重婴幼儿的意愿，鼓励他们自主进食。

如何进行顺应喂养

根据不同年龄段准备合适辅食

　　满6月龄的宝宝，建议从强化铁的纯米粉、肉泥等开始添加辅食，并根据辅食添加原则，逐步引入不同种类的食物，以满足宝宝发育所需的不同营养素。

宝宝准备好接受辅食的信号

大部分情况下，如果宝宝具备了以下这些条件，说明他/她已经做好了添加辅食的准备了：

✓ 可以在高椅上坐好

✓ 推舌反应消失

✓ 有咀嚼的动作

✓ 对食物感兴趣

世界卫生组织（WHO）在2002年以前，建议宝宝从4～6个月起就可以添加辅食；2002年将辅食添加时间推迟到满6月龄。当然，这是针对纯母乳喂养，且生长发育良好的宝宝而言的。对于早产儿，配方奶喂养以及混合喂养的宝宝来说，具体添加时间可以遵循儿科医生的建议。

辅食添加的四大原则

● 由少到多

● 由稀到稠

● 由细到粗

● 由单一到多样

要特别注意的是，每添加一种新的食材，应当给予2～3天的观察期。如果宝宝没有出现呕吐、腹泻、皮疹等不良反应，再添加新的食材。

允许宝宝自己决定吃什么和吃多少

对于添加的辅食的种类，父母应当保持中立的态度，允许宝宝在准备好的食物中挑选自己喜欢的吃，并且及时回应宝宝所发出的饥饿或吃饱了的信号。如果宝宝已经吃饱了，请不要再和宝宝说"来，乖，再吃一口！"，我们应当耐心鼓励，但决不强迫喂养。要让宝宝自己决定是否继续吃，这样宝宝才能逐步建立起自我控制饥饿或饱足的能力。

提供手指食物

手指食物是顺应喂养中非常重要的一个部分。满6月龄的宝宝，已经具备了基本的眼、手、口协调能力，能够将食物用手抓起并送入口中。我们可以根据宝宝不同的发育阶段提供不同的手指食物，逐步训练和培养宝宝自主进食的能力。

顺应喂养的核心是"顺应"两字，要充分尊重宝宝的意愿，让宝宝自己来决定

"吃"这件事。想要做好这点，父母应当牢记以下的"三要、三不要"要诀：

要耐心喂养	不要强迫喂养
要对食物和进食保持中立	不要以食物作为奖励或惩罚
要安排固定座位，营造轻松、安静的进餐环境	不要有电视、玩具、手机等干扰

如何安排好宝宝的餐次和进餐时间

学会顺应宝宝生长发育的需求，培养宝宝良好的作息和饮食习惯，让宝宝的进餐时间逐渐地和家人一日三餐的进餐时间一致，是每一位家长都想努力做到的。到底该怎么一步步实现？看一下《中国居民膳食指南》2016版的建议吧。

7~9月龄膳食安排

7~9月龄属于初尝辅食的阶段，这个阶段的最主要目的是让宝宝逐渐适应和增加进食量。一天的膳食安排如下：

7点	母乳（配方奶）
10点	母乳（配方奶）
12点	各种泥糊状辅食
15点	母乳（配方奶）
18点	各种泥糊状辅食
21点	母乳（配方奶）

夜间可能还需要母乳（配方奶）喂养1次

这一时期推荐的辅食制作工具：可以将食材搅打得非常细腻的搅拌机（辅食机），或研磨碗加滤网。

10~12月龄膳食安排

10~12月龄宝宝已经尝试并适应了许多种类的食物，这一阶段的首要目标，是让食物的性状变得更稠，可以添加泥，粥，研磨得不那么精细、带有颗粒感的果泥、菜泥、肉泥，也可以尝试软饭、肉末，以及剁碎或剪碎的蔬菜、面条等。一天的膳食安排如下页所示：

7点	母乳（配方奶），加婴儿米粉或其他辅食
10点	母乳（配方奶）
12点	各种厚糊状或颗粒状辅食
15点	母乳（配方奶），加果泥或其他辅食
18点	各种厚糊状或颗粒状辅食
21点	母乳（配方奶）

这一时期推荐的辅食制作工具：研磨碗、辅食剪

13~24月龄膳食安排

13~24月龄宝宝已经大致尝试过各种家庭食物，这个阶段主要学习和巩固自主进食能力，也就是自己吃饭，并且逐渐适应和家人一同进餐。

一天的膳食安排如下：

7点	母乳（配方奶），加婴儿米粉或其他辅食
10点	母乳（配方奶），加水果或其他点心
12点	各种辅食，鼓励幼儿尝试成人饭菜
15点	母乳（配方奶），加水果或其他点心
18点	各种辅食，鼓励幼儿尝试成人饭菜
21点	母乳（配方奶）

参考资料

World Health Organization. Infant and young child feeding: Model Chapter for textbooks for medical students and allied health profession

http://www.babycenter.com/0_age-by-age-guide-to-feeding-your-baby_1400680.bc

［1］中国营养学会.《中国居民膳食指南》［M］. 北京：人民卫生出版社，2016

［2］斯蒂文·谢尔弗.《美国儿科学会育儿百科》［M］. 北京：北京科学技术出版社，2016

辅食喂养
从零到达人

　　一说起辅食，很多朋友脑海里就会浮现出各种稀稀的泥糊，似乎把食材搅拌成泥就是辅食了。但辅食真的比你想象的要复杂得多、重要得多。辅食加得好不好，合适与否，是不是和宝宝成长阶段相符，直接决定了宝宝身体的发育状况和日后的饮食习惯。

　　如何添加辅食，是每一位新手妈妈都会面临的问题。辅食喂养作为一门"学科"，理论性的知识一直在迭代更新，被奉为金科玉律的信条，很可能过段时间就会被摒弃。

　　刚给女儿喵姐添加辅食时，我特意在网上找了一张非常精细的Excel表，上面列明了每个月要开始添加的食材。比如哪些蔬菜7月龄的宝宝可以吃，哪些肉类8月龄的宝宝可以吃，还有各种为防止宝宝对食材过敏所应遵循的事项，比如蛋黄要等宝宝7个月大时才能添加，蛋白要等宝宝1岁才能添加，诸如此类。那时我还为能找到这么全面而细致感到很兴奋，这两年学习了不少新的科学喂养观后，才发现满6月龄可以添加辅食之后，并不需要刻意规避或推迟某种食材的添加。

　　有了给喵姐添加辅食的经验，以及吸收了新的喂养理论，在儿子喵小弟的辅食喂养路上就轻松多了，并且在喵小弟1岁以前，基本上所有种类的食材我都加过一遍。喵小弟的适应性很好，几乎没有发生过食物过敏。某些新食材刚开始加时即使会出现长少许湿疹的情况，停止添加致敏食材一段时间再次添加时就不再发生了。喵小弟也比姐姐更热爱食物，几乎不挑食。

对于1岁以内的辅食该怎么添加，今天我想结合我给我自己的2个宝宝制定的辅食食谱，和大家分享一下不同辅食添加阶段的喂养要领。在分享之前，有一个小前提还是要说一下，科学喂养不是教条式的生搬硬套，而是要结合孩子的生长、发育情况，不断地实践和调整喂养方式。要记住，最适合自家宝宝的喂养方法，才是最好的方法。

辅食喂养第一阶段

何时添加
当宝宝出现需要添加辅食的几个信号，就可以考虑给宝宝添加辅食了，最早不要早于4月龄，最晚不要晚于6月龄。

食物的性状
在6～8月龄这一阶段，添加辅食的最主要目的是让宝宝除喝母乳（配方奶）之外，逐步适应吃辅食。这一时期的宝宝可以接受的食物形态以顺滑、细腻的泥糊为主，有点类似略黏稠的酸奶。

辅食质地示例：

米糊（稀粥）　　　胡萝卜泥　　　青菜糊　　　香蕉泥

当你喂宝宝泥糊时，刚开始宝宝仅能通过闭嘴和舌头前后运动的过程来吞咽食物。当宝宝熟悉了食物之后，可以通过舌头的上下运动，将食物抵到上颚，然后咽下。这是一个不断练习和熟练的过程，到了8月龄左右，基本上宝宝已经可以通过口腔运动，吃像嫩豆腐以及蒸得软烂的南瓜这类柔软的食物小块了。

后期　　**辅食质地示例：**

米糊（稀粥）　　　胡萝卜泥　　　青菜糊　　　香蕉泥

一次吃多少？

第一阶段，每天辅食喂养的次数为1～2顿。最开始添加的辅食以高铁纯米糊为主，刚开始时每天先喂一顿，每顿喂1勺，进入第3～4天增加到一顿2勺。随着时间推移逐渐增加每顿喂养的量。刚开始添加的米粉要冲调得稀一些，等宝宝完全适应吞咽动作后，就可以逐渐减少米粉的加水量，将米糊冲调成果酱一样的黏稠状。

第一阶段除了让宝宝适应吞咽食物外，还有一个重要目的是让宝宝体验不同食物的口感和味道。在适应了米糊后，就可以在辅食餐单里加入果泥、菜泥、肉泥，同样的，刚开始添加时一天加1勺，稠度和分量也随着宝宝的逐渐长大而增加。

你可能会问，最开始可以加什么种类的蔬菜、水果和肉呢？无论是国外还是国内的最新喂养理论，都不再把过敏作为阻止宝宝品尝新食材的理由，只要是符合宝宝当前咀嚼能力的合理的食物质地和性状，就可以放心、大胆添加。当然，每种蔬菜、水果和肉都有不同的特点，在添加时也应当遵循一定的原则。比如蔬菜中，南瓜、土豆、山药、胡萝卜等根茎类食物更容易做成泥糊状，并且淀粉含量较多（小宝宝对甜味更容易接受），这类蔬菜就可以先添加。

每添加一种新的食材，观察2~3天，如果宝宝适应良好就可以再引入新的食材。

当然，还有极其少数的食物，因为宝宝胃肠柔软尚不能很好地消化吸收，以及处理其中的致病菌，比如蜂蜜、牛奶等，要至少宝宝1岁以后才能添加。除此以外，大部分的食材，甚至是被称为易致敏的蛋白、鱼虾、贝类、坚果等，都无需刻意规避。刻意规避不仅不能预防食物过敏的发生，甚至可能适得其反，增加食物过敏的概率。

辅食喂养第二阶段

食物的性状

9~10月龄的宝宝，口腔运动能力进一步加强，舌头除了能上、下、前、后运动外，还能左、右移动，将舌头不能捣碎的食物推到口腔两侧，依靠牙龈的咬合来嚼碎食物。门牙长出后还可以借助门牙的力量咬断较大的固体食物，例如香蕉段和蒸熟的胡萝卜条。

这一时期食物的性状黏稠度会更高，硬度和香蕉段接近（例如软面、较稠的粥）、含水量很少颗粒感较强的固态食物，不但可以刺激口腔运动的发育，并且也有利于乳牙的萌出。

辅食质地示例：

粥（较稠）　　　　鸡肉泥　　　　　青菜糊　　　　　鱼肉泥

一次吃多少？

这个阶段的宝宝，已经基本适应了辅食，可以尝试每天添加3~4顿辅食。这一时期添加辅食的目的，除了继续巩固和加强宝宝的咀嚼吞咽能力外，还有从辅食当中补充足够的营养。母乳中的营养成分会逐渐降低，铁、锌、维生素等必须通过辅食当中得到补充，才能确保宝宝有足够的营养摄入。

辅食喂养第三阶段

从被动喂养到主动进食

11~12月龄的宝宝会经常试着用手去抓食物，甚至把食物弄得到处都是，也就是我们俗称的"手欲期"。这一时期宝宝通过手的触感来"认识"各种食物，这种行为不应该被制止，因为这是宝宝从被动喂养到主动进食的角色转换，适当的鼓励和放手可以让宝宝对食物的兴趣进一步加深，帮助小家伙向自主进食迈出重要的一步。

食物的性状

如果宝宝在这之前就已经表现出很强烈的要自己手抓食物的欲望，那么恭喜你，可以提前来做这一阶段的准备了。我们可以给宝宝准备各种手指食物，来供宝宝探索。这里的手指食物并不是非要做成长条的形状，只要是方便宝宝抓握的，例如水果块、软饭团、小肉饼、意大利面条等都可以。不过要注意的是，只有宝宝到了这一阶段，才能较好地处理这些固体食物。

第三阶段

辅食质地示例：

| 软米饭 | 胡萝卜片 | 青菜碎 | 鱼肉丁 |

欧美现在比较流行的自主进食法（BLW），推荐从一开始就给宝宝添加手指食物，对于这点我持较保守的态度，除了营养摄入上的考虑外，还有安全方面的担心。毕竟咀嚼吞咽能力尚不发达的小宝宝，如果一开始添加辅食就尝试手指食物，很容易发生被食物噎到的危险。

辅食喂养第四阶段

食物的性状

添加辅食的最终目的，是让宝宝逐步转变为成人的饮食模式。在辅食喂养的后期，宝宝自主进食的能力进一步增强，眼、手、口的精细运动更加完善，除了手抓食物外，宝宝可以慢慢地自己拿勺子或叉子进食了。另外，随着口腔的咬合力也不断提升，可以用门牙咬断肉丸、白面包等较硬的食物。1岁以上的宝宝，也可以开始在饮食当中适当添加盐、糖等调味料。到了2岁左右，所添加的辅食的形态和质地已和成人的食物非常接近了。

辅食质地示例：

| 鸡肉条 | 胡萝卜块 | 青菜段 | 鱼肉块 |

1岁后才加盐

为什么不能在1岁以内宝宝的辅食中添加调味料，特别是盐？1岁以内的宝宝身体所需要的盐分完全可以从天然食物和母乳中获得，如果在1岁以内宝宝的辅食中加盐，婴儿肾脏没有能力将体内多余的盐分排出，就会造成肾脏的负担，还可能增加将来得高血压和冠心病等疾病的风险。

刚接触食物的宝宝的味觉如同一张白纸，并不懂得各种调味料的滋味，千万不要将"不加盐没有味道"，"不吃盐没有力气"这些自以为是的观念强加在宝宝身上。培养孩子从小清淡饮食的习惯，品尝和熟悉不同食物天然的味道，有利于防止日后挑食偏食，有助于健康成长，一生受益。

所以，即使宝宝在1岁以后可以添加盐了，也要控制好量，千万不要养成宝宝重口味的习惯，盐的用量最好都要微量。

给宝宝过早吃盐
有危害

很多家长都很担心市面上的各种添加剂，怕会对孩子的健康造成影响，但是对于日常菜肴中最常见的一种添加物却视若无睹，这种添加物就是盐。

盐究竟为何物？

自从一万多年前出现农业后，人类的生活方式从狩猎逐渐转为农耕，从肉食为主转向谷食为主。在烹调食物时加盐，人类不仅能品尝到美味的食物，而且满足了人体对钠元素的需求。盐还可以用来腌制食物，让食物可以保存更长的时间。

食盐的基本成分是氯化钠，钠维持着人体内的水平衡和适度神经、肌肉冲动。到了现代，食盐摄入量过高却成为令人担忧的问题。特别是婴幼儿，过多地摄入盐，会增加成人后罹患高血压、心脏病等的风险。

多大宝宝需要吃盐？

母乳中钠的含量可以完全满足6月龄婴儿的需求，7~12个月的婴儿每天钠的摄入量350mg（即不到1克食盐）为宜。这个量也完全可以通过母乳、辅食、肉类辅食中获取。也就是说，1岁以内的宝宝饮食无需额外加盐。

1~3岁的宝宝每天钠的摄入量700mg（即不到2克食盐），这个量虽然稍有增加，但考虑到食物的种类和食量都会相应增多，宝宝们日常所吃的奶类、主食、蛋类、水果、蔬菜和豆制品等，这些食物中的钠含量已经能够满足宝宝每天的钠需求，因此1~3岁的宝宝也应少吃或不吃食盐。

另外，零食和调味料也会让宝宝摄入过多的"隐形盐"。市售的肉松、酱油、奶酪、腌制品，以及各类零食，都有可能是高盐食品。

你可能会问，低钠盐是否可以给宝宝吃。要注意的是，即使是低钠盐，钠含量也为60%～70%。同时低钠盐只适合肾功能健全的人，对于肾脏尚未发育完全的婴幼儿来说，还是应该尽量避免食用。

不加盐怎么让食物更有味道？

即使不加盐，也完全可以用天然调味品，比如新鲜香料（洋葱、香菇、柠檬、葱、蒜、胡椒、百里香等）和新鲜蔬果汁（番茄汁、南瓜汁、菠菜汁等）进行调味。多让宝宝感受天然食物的味道，不仅更健康，而且能让宝宝享受更丰富的味觉体验。

另外，如果盐摄入过多，或某一顿吃得过咸了，可以多吃富含钾的蔬菜和水果，钾能够使体内过剩的钠排出体外。例如香蕉、苹果、土豆、红薯等，都是含钾高的食物。

味觉是靠后天形成的，对于出生后味觉系统如同一张白纸的婴幼儿来说，过早地引入重口味食物，会让宝宝拒绝清淡饮食，从而真的会拒绝食用不加盐的食物。

另外，1岁左右的宝宝，味觉敏感度要高于成人，很多在家长看来寡淡无味的辅食，宝宝们却能吃得津津有味。我们应该小心呵护孩子们这份对食物本真的敏感，而不是强行剥夺。

◁⠆ 拾爸碎碎念

对于肾脏、肝脏等各种器官还未发育成熟的婴幼儿来说，食用盐就是一种不健康的添加剂，越少添加越好，越晚添加越好。培养宝宝清淡饮食、少吃加工食品的好习惯，将让他们受益终生。

参考资料 中国营养学会.《中国居民膳食指南》[M]. 北京：人民卫生出版社，2016

手指食物为什么
在辅食添加中
不可或缺？

手指食物是指婴幼儿可以用手抓起来放进嘴里吃的小块食物。它可以是一根蒸得软软的蔬菜条也可以是炖得软烂的小块肉，也可以是一块烤得微黄的吐司条。如果你的宝宝已经准备好接受手指食物了，那么以下这些建议能够帮助你在科学喂养的道路上，顺利过渡。

什么时候该引入手指食物？

6个月的宝宝，已经具备了基本的眼手口的协调能力，可以独立完成从"看到食物—抓起食物—放入口中"的一系列精细化动作，所以可以开始接触手指食物。

在2016版《美国儿科学会育儿百科》中提到"当你看到宝宝可以坐直，也可以用手抓起东西往嘴里塞时，你就可以开始为宝宝提供手指食物让宝宝学习自己吃了。"这段话有两个关键词，第一个关键词是"自己吃"，也就是让宝宝自主进食；第二个关键词是"手指食物"，既然要让连勺子都不会拿的小宝宝自己吃饭，那食物自然要适合用手指抓握了。

但是，对大部分家长来说，我建议还是采取循序渐进的方式，手指食物并不需要急于添加。在开始喂泥蓉状辅食时，我们可以给宝宝一些已经添加过的固体食物。比如今天喂南瓜泥，我们可以多准备一些南瓜，蒸熟后切成条，和南瓜泥一起放在宝宝的餐盘里，供宝宝"探索"。

手指食物有哪些？

6个月大的宝宝，已经可以用下颚进行上、下咬合的口腔运动，用牙床将食物磨碎。这一时期的宝宝，我们可以提供一些可溶于口的手指食物。主要包括：

- 蒸软蒸透的蔬菜条：南瓜条、胡萝卜条、红薯条等。
- 成熟的软质水果：切成条形的牛油果、香蕉等。
- 市售的手指食物：磨牙饼干、泡芙、小溶豆等。

接下来，宝宝可以运用舌头将食物往喉咙推送以便吞咽，同时手部的精细化运动进一步加强，可以用大拇指和食指抓捏食物，我们可以提供小颗粒，并且更有嚼劲的食物。主要包括：

- 蒸熟的蔬菜块：土豆块、胡萝卜块、西蓝花块等。
- 稍稍蒸过的硬质水果：蒸过的苹果块、梨块等（注意要先去皮）。
- 煮熟的非条形意面：贝壳形、车轮形等卡通意面（如果是长条形的面条，需要用辅食剪剪成小条）。
- 煮熟的肉和蛋：切小块的鸡蛋（或鸡蛋黄），白水煮后撕小条的鸡胸肉丝、三文鱼块等。

添加手指食物的同时是否需要勺子喂？

这取决于添加时间，以及宝宝吃多少。

一般来说，1岁以下的宝宝，手指食物更多的是作为"训练工具"，让宝宝有更多机会锻炼手部和口腔肌肉，以及眼手口的协调能力。7～12个月的宝宝所需要的大部分能量，以及铁、锌等矿物质和微量元素，仍然需要从高铁米粉和辅食泥中获取。

1岁以上的宝宝，自主进食过程中掉落的食物逐渐减少，也能够从手指食物当中获取到更多营养。到了2岁左右，已经可以自己用小勺好好吃饭了，食物的种类越来越多，也就逐渐不会再用手抓食物了。

宝宝出现干呕或噎住情况怎么办？

宝宝在进食过程中会出现干呕、噎住的现象，事实上是宝宝学习吞咽过程中的一种条件反射。这种条件反射在整个婴幼儿时期都会出现。"噎住"会伴随干咳和干呕反应，甚至把食物吐出来。这是正常现象，不需要进行干预。

唯一要警惕的是被食物"呛到"。宝宝开始进食时，要练习怎么协调咀嚼、吞咽和呼吸。如果没有协调好，一些特定性状的食物很容易就进入气管当中，发生危险。例如过硬的食物，像生苹果和梨，以及圆颗粒食物，还有就是宝宝吃东西时分心了，都很容易被食物呛到。

并不是手指食物才有将宝宝呛到的风险，泥蓉状的食物如果喂得不恰当，也会发生。经常吃手指食物的宝宝，口腔精细化运动锻炼的机会更多，口腔肌肉更为发达，协调性更好，反而不容易发生呛到的危险。要防止危险的发生，除了食物的种类和性状要把控好外，家长要在宝宝整个进食过程期间守在一旁监督，并让宝宝始终保持好坐姿，专注手中的食物。万一宝宝不幸被呛到，家长应给宝宝立即实施海姆立克急救法（即海姆立克腹部冲突法，是美国医生海姆立克发明的。1974年他首先应用该法成功抢救了一名因食物堵塞了呼吸道而发生窒息的患者，从此该法在全世界被广泛应用）。

🔊 拾爸碎碎念

在培养宝宝自主进食的过程当中，手指食物起到了功不可没的作用。学会顺应宝宝发育所需的营养需求，提供相应的手指食物，是爸爸妈妈需要掌握的一项技能。在喂养期间保持良好的心态，不强迫喂养，不在宝宝把食物弄得到处都是时强制干预，充分尊重宝宝的意愿，保持耐心和微笑，是每一位家长都要努力去做的。

参考资料

［1］中国营养学会.《中国居民膳食指南》［M］. 北京：人民卫生出版社，2016

［2］斯蒂文·谢尔弗.《美国儿科学会育儿百科》［M］. 北京：北京科学技术出版社，2016

自主进食法（BLW），是否比传统喂养方式更好？

自主进食法（Baby-Led Weaning，简称BLW）这个在西方家庭里日渐盛行的喂养方式，被提倡者鼓吹为颠覆传统喂养方式，不少国内的妈妈也采用这种喂养方式，希望通过这种更加"科学"的喂养方法来给宝宝添加辅食。但自主进食法真的有所说的那么好吗？是否比传统的"先用勺子喂，先吃辅食泥"更适合宝宝呢？

自主进食法（BLW）到底是指什么？

事实上，自主进食法虽然很火，但定义一直很模糊。一些家长认为自主进食法应该包含辅食泥和勺子喂养，而另一些家长则认为必须自主进食法只能提供手指食物。

其实，自主进食法并不是什么创新，而是本来就有的喂养现象。一些西方的研究发现，很多家长其实是为了自己方便，或者是宝宝拒绝接受喂食，才让宝宝自己吃。不过是把"宝宝自己吃"这种行为变得容易被更多人接受罢了。自主进食法提倡给宝宝吃家庭食物，鼓励和家人一同进餐，这既减少了为宝宝单独准备饭菜的麻烦，又经济节约，自然受到不少人的欢迎。

学者们发现一个更有趣的现象，这些一开始就接受家庭食物的宝宝，并不会表现出不适应，甚至因为更早接触了固体食物，反而在生理发育上具备了优势。自主进食法也就顺应发展成一门"理论"。

自主进食法真的有那么好吗？

自主进食法和传统喂养方式最大的区别在于：宝宝只吃手指食物，不吃泥蓉状辅食，也不用勺子喂。这种自主进食法可以让宝宝自己决定吃什么，吃多少，更早地参与到家庭餐桌，以及培养出更好的饮食习惯。

自主进食法虽然可以让宝宝自行决定吃多少和吃多快，但每一餐吃什么，和传统喂养法一样，仍然要由喂养者决定。因为自主进食法只能提供手指食物，各种汤羹，以及富含铁，锌的各种辅食泥、辅食粥，自然没有办法给宝宝吃。

主张自主进食法的人还认为，这种方法可以鼓励宝宝更快地接受不同性状的食物和口味，从而吃到更"健康"的食物，比如未经加工的蔬果和肉类。不过，这并不是自主进食法的"特权"。

传统喂养方式所主张的循序渐进的辅食添加原则，从稀到稠，从泥蓉逐步过渡到固体，反而有机会让宝宝接触到不同的食物形状。至于食物处理上，辅食只需要简单的"粗加工"，并不会对营养造成多少损失。使用搅拌机或许会使食材的营养成分被破坏，但除了在刚开始添加辅食的阶段，基本上能用到的机会并不多，也可以忽略不计。所以，只要遵循好这些辅食添加原则，传统喂养方式丝毫不会比自主进食法差。

而在精细化运动方面，虽然BLW的支持者坚持认为这种方法会让宝宝更快、更好的锻炼眼手口协调能力并促进发育，但我们也可以在宝宝对叉勺感兴趣时，让宝宝试着自己去抓握餐具和把玩食物。这和传统喂养方式并没有本质上的区别，更多的是考验喂养者自身的喂养素质和耐心。

自主进食法所面临的问题

6～7个月的宝宝，正是开始需要通过补充喂养，来补足各种所需营养和热量的时期。如果一开始就食用固体食物，对于还不能很好地完成"抓住食物、送到嘴里、咀嚼、吞咽"一系列动作的宝宝来说，事实上真正能吃到肚子里的食物很少。如果不食用高铁米粉做成的各类辅食泥，很有可能会造成营养上的缺失，特别是铁摄入不足。

如果喂养者的喂养知识不足和态度存在偏差，没有经过专业训练，就让宝宝自主进食，让宝宝有可能被呛到。这也是许多西方健康专家所担忧的。

另外，对于发育迟缓、还不能很好地将食物放入嘴里、还不能安全地咀嚼和吞咽的宝宝，以及早产儿、宝宝生病期间或者属于易致敏体质的宝宝，到底该不该采用自主进食法，也是这个理论需要讨论的问题。

◁: 拾爸碎碎念

自主进食法作为顺应喂养的一种方式，可以让宝宝在进食时感受到饿和饱，逐步学会怎么有规律地调整能量摄入，让宝宝更早地学会自主进食，这也是自主进食法最有价值的地方。但顺应喂养更多的是一种指导思想，而不是具体的喂养方式，在这方面，《中国居民膳食指南》（2016版）的建议就显得科学、合理得多。

指南里指出，在婴幼儿整个喂养期间，根据宝宝营养需求的变化和生理发育的阶段，顺应宝宝的需要进行喂养。由他们自主决定吃什么和吃多少，及时感知他们发出的饥饿或饱足信号，鼓励但不强迫喂养，帮助他们逐步达到与家人一致的规律进餐模式。

因此，不论是传统喂养方式，还是主张自主进食法的喂养方式，都应当在这个原则上，帮助宝宝逐步的学会自主进食。和方式方法相比，"人"，即喂养者所起的作用，就显得重要得多了。

参考
资料

http://www.mdpi.com/2072-6643/4/11/1575/htm

http://tribecanutrition.com/2015/01/baby-led-weaning-pros-cons-2/

http://bmjopen.bmj.com/content/2/6/e001542.full.pdf

http://www.who.int/nutrition/topics/complementary_feeding/zh/

中国营养学会.《中国居民膳食指南》[M]. 北京：人民卫生出版社，2016

真的有必要喝高段数配方奶吗？

喝奶，特别是宝宝喝的奶，对于中国人来说，总是话题不断。早些年，由于配方奶的过度宣传，很多家长相信配方奶是比母乳更好的宝宝食物，导致很多母亲主动放弃母乳喂养。还好这些年经过整个社会的努力，大部分家长都已经认识到母乳才是小宝宝最理想的食物。

但令人费解的是另外一种现象却悄悄地出现了，就是针对1岁以上小孩的高段数（3段、4段）配方奶越来越畅销了。伴随这种现象出现的是各种倡导儿童也喝配方奶的言论，随便网上搜一下，就可以看到很多文章在教家长给小孩喝配方奶到3岁、5岁，甚至7岁。这些言论到底对不对？高段数配方奶该不该喝呢？

1周岁大的小孩就可以开始喝牛奶，根本就没有必要为他们提供昂贵的高段数配方奶！

要说明这个问题，我们需要明确宝宝喝奶的目的是什么。

6个月以内的小宝宝，消化系统还没有完全发育好，宝宝唯一的食物只能是母乳。6～12个月大的宝宝，家长逐步给宝宝引入固体辅食，但母乳依然是宝宝的主要营养来源。如果家长没办法提供母乳，那么必须给宝宝提供母乳的替代物，也就是婴儿配方奶。因此，1周岁内的宝宝喝奶，不管是母乳还是配方奶，目的都是为了获取宝宝生长所需的绝大部分营养。

但1岁以后，宝宝的消化系统慢慢发育成熟，食物也渐渐丰富起来了。宝宝生长所需的营养从原来主要由母乳或配方奶来提供，变成主要由普通食物如肉、鱼、蛋、青菜、水果等来提供。这时候宝宝喝奶的目的就变成跟大人是一样的了。不管是母乳、配方奶还是牛奶，都只是食物的一种，可以提供优质的蛋白质和丰富的钙质。如果这个时期宝宝还吃的不好，那家长就应该花点心思了，尽快帮宝宝完善食物结构。

喝奶的目的变了，对奶的要求自然也就变了。既然奶变成了普通食物的一种，我们对奶的要求也就变成了：安全卫生、不过敏、不出现乳糖不耐受。

按照这样的要求，那些昂贵的高段数（3段、4段）配方奶，其实就完全没有必要给宝宝喝了，因为普通的牛奶就能达到这样的要求。这一点其实在科学界早就已经是共识了，各国的健康卫生部门的推荐也是高度地一致。下面我列举了几给大家看看：

性能指标	纯牛奶	每100ml某品牌3段配方奶
热量（kcal）	61	72
蛋白质（g）	3.15	2.4
脂肪（g）	3.27	2.9
碳水化合物（9）	4.78	8.6
钙（mg）	113	112

美国儿科学会（AAP）：

"孩子满1岁后，你可以开始给他喝纯牛奶或者脂肪含量只有2%的低脂奶，但必须同时保证摄取均衡的辅食（谷物、蔬菜、水果和肉类）。每天牛奶饮用量不能超过946mL。超量会让孩子摄入过多热量，可能影响他对其他食物的胃口"。

——《育儿百科》

英国国家健康服务系统（NHS）：

"不要给1岁以内的小孩喝牛奶，因为牛奶不含有小孩需要的均衡营养。但6个月大的小孩可以吃用全脂牛奶作材料的食物，如奶酪酱和蛋奶沙司"……"1~3岁的小孩每天大概需要350mg钙质，大约可由300mL牛奶提供"。

——http://www.nhs.uk/livewell/goodfood/pages/milk-dairy-foods.aspx

中国香港卫生署：

"1岁以上的宝宝已能从多样化的饮食摄取所需的营养，奶只是孩子均衡饮食的其中一部分，是一种容易获取钙质的来源。孩子每天饮用360~480mL的奶，已大致足够提供他们每日钙质所需。""宝宝可饮用牛奶 [包括冷藏牛奶、保鲜装（UHT）牛奶或全脂奶粉]。家长无须为宝宝转用成长/助长配方奶粉（即'3'、'4'号等）

摄取额外营养。而且，普通牛奶比较配方奶粉便宜"。

——http://www.dh.gov.hk/chs/press/2013/130201-2.html

实际上，高段数的配方奶粉在发达国家的销量并不好，那里的儿科医生都会建议1岁以上的宝宝直接喝牛奶。

高段数配方奶粉在营养上并不比普通牛奶有优势

我们都知道母乳是1岁内宝宝的最理想食物，配方奶最初被设计出来就是为了成为在母乳喂养不可行的情况下的替代品。这种配方奶有一个专有名词——"婴儿配方奶粉"（Infant Formula）。既然是替代品，配方奶的使命在1岁后就应该结束了，因为1岁后即使家长继续母乳喂养，母乳充其量也只是宝宝食谱中的一种，也没必要再找什么替代品了。不管奶粉公司怎么宣传，实际上各种配方的营养其实大同小异。

对1岁宝宝需要的蛋白质、脂肪和钙质，配方奶不但没有任何优势，且碳水化合物的含量比牛奶高出很多，这里的碳水化合物其实就是乳糖，过多摄入的碳水化合物是导致小孩肥胖的主要原因。

有些家长会担心偏食让小孩营养不良，配方奶可以补充各种营养。这个做法短期可能有点用，但长期来看无法避免营养不均衡的问题。这些家长可能会因为有了配方奶就变得对偏食问题不那么重视了，但是儿童的偏食习惯一旦养成，很可能会伴随终生。所以，1岁多宝宝的家长，必须尽快帮宝宝建立起丰富的食物结构，不要把希望寄托在配方奶这种"灵丹妙药"上。

🔊 拾爸碎碎念

不喝配方奶，家长们的选择还有很多："鲜牛奶""纯牛奶""原味酸奶"，这些都是宝宝补充蛋白质和钙质的好食品。也可以尽量选择用巴氏消毒法消毒的鲜牛奶或原味酸奶，因为不好的奶源是做不好这些产品的。还有很多进口纯牛奶可以供宝爸宝妈们选择，还免去了冲调的麻烦。如果你不想固定喝一个品牌，完全可以喝上一段时间就换一个。

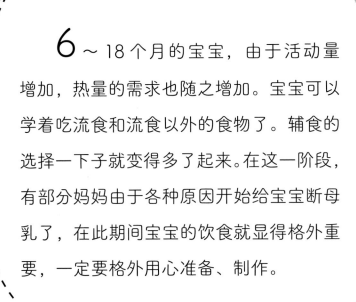

6～18个月的宝宝，由于活动量增加，热量的需求也随之增加。宝宝可以学着吃流食和流食以外的食物了。辅食的选择一下子就变得多了起来。在这一阶段，有部分妈妈由于各种原因开始给宝宝断母乳了，在此期间宝宝的饮食就显得格外重要，一定要格外用心准备、制作。

2

6～18个月
宝宝辅食添加计划

香蕉牛油果泥

🐟 食材

牛油果 1/2个 ┃ 香蕉 1/2个

牛油果外表平平无奇，营养价值却很高，营养成分能满足婴幼儿所需，许多国外儿科专家把牛油果称为"超级宝宝食物"。牛油果的多不饱和脂肪含量为10%，多不饱和脂肪含量相对较高，有"森林黄油"之称。

牛油果能提供给小宝宝促进大脑发育的多不饱和脂肪、膳食纤维、铁以及维生素B_6等营养素。

🍴 步骤

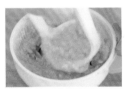

1 将牛油果对切成两半，用勺子沿着果皮边缘挖出果肉。

2 将香蕉对切成两半，切成小段。

3 混合后，研磨成泥。

扫码观看视频

🍴 小贴士

1 挑选牛油果时，应选择呈深墨绿色、色泽匀称有光泽、硬度适中、饱满光滑有弹性的。

2 虽然初期的辅食要细碎，不过对于牛油果和香蕉这种果肉很软的水果来说，用研磨碗来处理就足够了，不需要用辅食机。带颗粒感的辅食泥，能够让宝宝更好地锻炼咀嚼和吞咽能力，营养成分也能得到最大程度的保留。

3 若一次做的量比较多，可以用冰格装好后放入冰箱冷冻，但要在一周内吃完。每次吃之前，取一顿或一天的量，移到冷藏室里先解冻三四个小时，再用温水隔水加热后食用。

蓝莓山药泥

🍳 食材

蓝莓 25g | 山药 100g

蓝莓 属于不易致敏的水果。喵小弟和喵姐在6、7个月大的时候，我都给他们尝过。除了偶尔觉得太酸了会皱下眉头外，没有其他反应。不过作为初期辅食，刚开始添加时，还是要遵循少量尝试、逐步添加的原则。

蓝莓所含的花青素，不仅可以保护宝宝视力，对大脑发育和泌尿系统都有好处。不过蓝莓味道酸涩，有些宝宝不喜欢。将山药磨成泥，再配上蓝莓酱，立马变得美味可口。

🍴 步骤

1 山药洗净，隔水蒸15分钟。

2 取出后去皮，切小块。

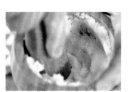

3 放入研磨碗中，碾压成泥。

扫码观看视频

4 将蓝莓倒入不粘锅中，加入清水。

5 中火煮开后，转小火慢慢熬至黏稠。

6 在山药泥上浇上蓝莓酱，即可。

小贴士

1 山药黏液可能会导致手部过敏，将山药带皮蒸后再去皮可以避免过敏情况。

2 山药有健脾益胃、助消化的功效。秋冬季节给宝宝多吃点山药，可以调理因换季变得更加柔弱的肠胃，增强宝宝的免疫力。

3 熬制蓝莓酱时一定要用小火慢熬，防止煳锅，还可减少蓝莓的营养损失。

甜橙蒸蛋羹

食材

橙子 1个 | 鸡蛋 1个

缺少新鲜果蔬的冬季，柑橘类水果绝对是最佳的维生素C来源。橙香浓郁的橙子，深受小朋友们的欢迎。这道甜橙蒸蛋羹大、小朋友都适宜食用，在冬天吃肠胃也会觉得舒服。嫩滑的蛋羹搭配橙肉，不仅少了蛋腥味，还多了一份橙子的香甜，温润软绵、嫩滑细腻。

扫码观看视频

步骤

1 橙子洗净，切下1/3。

2 用勺子挖出果肉。

3 把果肉倒入料理机。

4 打成细腻的橙汁。

5 将鸡蛋充分打散。

6 取约70g橙汁，加入蛋液中。

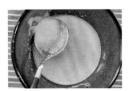

7 用筛网过滤一遍，把表面的小气泡用小勺撇去。

8 把蛋液倒回橙皮盅里，倒至八分满，冷水上锅。

9 大火烧开后转中火，继续蒸15分钟即可。

小贴士

1 如果宝宝已经具备一定的咀嚼、吞咽能力，就不需要用料理机，把橙子肉放入碗里用小勺捣碎即可。

2 如果宝宝对蛋清过敏，可用两个蛋黄来代替一个鸡蛋。

3 蛋液和橙汁的比例大概是1:1.4，按这个比例做出来的蛋羹口感细嫩。

4 过筛可以去除蛋液里的气泡和杂质，蒸出来的成品会更加漂亮。

5 倒入橙皮盅时不要倒太满，不然蒸的时候蛋液会鼓起并溢出。上锅蒸时锅边要留一条小缝，防止水蒸气回流影响成品。

个月辅食

番茄小饼

番茄 1个　面粉 20g

扫码观看视频

🐟 步骤

宝宝到了9~10月龄这一阶段，咀嚼吞咽的能力已经有所提升，应在此时加入颗粒感十足、软硬适中的固体辅食。这道番茄小饼，绵软的质地再加上微酸的口感，小宝宝一定吃得非常起劲！

小贴士

用低筋面粉做出来的小饼口感最软，没有的话也可以替换成中筋面粉。一次不要加入太多面粉，先加一部分，觉得太稀了再慢慢加。

1 在番茄上划"十"字。

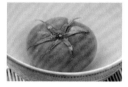

2 放入开水中，浸泡约10分钟。

3 撕下番茄外皮，去子，切成小丁。

4 冷水上锅，大火蒸10分钟。

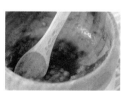

5 趁热捣成番茄酱。

6 加入面粉，用筷子搅拌。

7 搅拌成顺滑无颗粒的面糊。

8 小火热锅，倒入一小勺面糊，煎至底部成形。

9 翻面，继续煎至两面熟透。

6～18个月宝宝辅食添加计划　035

山药米粉小松饼

🍽 食材

铁棍山药 50g ▎蛋黄 1个 ▎小油菜 1棵 ▎
婴儿米粉（或面粉）5g ▎植物油 适量

山药 最大特点是含有大量的黏蛋白，这种多糖蛋白质的混合物，不仅给菜肴增添了黏糯的口感，在高速搅拌之后，还会有黏液充分析出，加入婴儿米粉后可以做成小饼，即使不加鸡蛋、淀粉等"黏合剂"也容易成形。口感软硬适中，9个月左右的小宝宝也能嚼得动。

扫码观看视频

🍴 步骤

1 将小油菜放入开水中焯约1分钟。

2 稍微沥干水分，去根后切小段。

3 铁棍山药削皮后切小段。

4 一起倒入料理机中，打入一个蛋黄，搅打成细腻的泥糊。

5 倒入小碗里，加入婴儿米粉并搅拌均匀。

6 在不粘锅内刷一层薄油。

7 舀入一小勺泥糊，摊成饼状。

8 小火煎至底部凝固后，轻轻翻面。

9 煎约2分钟，至两面微黄即可。

小贴士

1 山药皮中的皂角素和黏液里含的植物碱会对皮肤有刺激作用，处理时可以戴上手套，或者先用手蘸点白醋，再处理食材。

2 对蛋清不过敏的宝宝，也可以尝试添加整个鸡蛋。

3 已经过了吃婴儿米粉阶段的宝宝，可以用等量面粉代替。

4 一岁以上小朋友品尝的话，可以加一点点盐调味。

5 摊面糊时不宜摊太厚，否则会不易煎熟。

网丝饼

食材

低筋面粉 60g | 配方奶 60mL | 鸡蛋 1个

扫码观看视频

网丝饼镂空的外表，加上酥脆的口感，一口接一口简直停不下来。做好的网丝饼放凉后酥软易咀嚼，9个月左右宝宝就能用舌头抿碎，不用担心会噎到。

小贴士

1 如果宝宝对蛋清过敏，那就换成两个蛋黄的量。

2 给一岁以上的宝宝制作这道辅食时可以将配方奶换成等量牛奶。

3 搅拌面糊时不要画圈圈，避免面糊起筋。

4 要趁热卷起来，凉了就会变酥脆，一卷就断。

5 完全冷却后微甜酥脆的口感，大人、小孩都会特别喜欢。

步骤

1 鸡蛋打散。

2 加入60mL配方奶。

3 筛入低筋面粉。

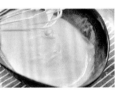

4 用打蛋器划"Z"字形把面糊拌匀，搅拌成可流动、无颗粒的顺滑面糊。

5 把面糊倒入裱花袋里。

6 小火热锅，把面糊用画圈的方式挤入不粘锅内。

7 煎至底部凝固后，用筷子轻轻夹起翻面。

8 继续煎10~20秒至成形。

9 出锅趁热卷起，依次做好剩余的网丝饼。

西葫芦米粉小软饼

🍲 食材

西葫芦 20g ▏鲜虾 4个 ▏配方奶 55mL ▏面粉 15g
婴儿米粉 10g ▏柠檬 1片 ▏植物油 适量

扫码观看视频

这道 西葫芦米粉小软饼，既是可以锻炼宝宝眼手口协调能力的手抓辅食，也是能满足宝宝一餐所需能量的主食，柔软而有嚼劲的口感，也会让小宝宝充分享受到自主进食的乐趣。

步骤

1 鲜虾去壳后，挑去腹背两条虾线。

2 细细剁成虾泥。

3 挤入几滴柠檬汁，腌制10分钟去腥。

4 将西葫芦去皮后擦成细蓉。

5 加入虾泥里，倒入配方奶。

6 再倒入面粉和婴儿米粉。

7 搅拌至黏稠、不易流动但不发干的状态。

8 在平底锅内刷一层薄油。

9 舀入一小勺面糊，小火慢煎。

10 煎至底部微黄后，翻面继续煎。

11 煎至两面微黄，即可出锅。

小贴士

1 用无刺的鱼肉代替虾仁，口感也会很嫩。

2 如果不需要奶香味，也可以用等量的清水代替。

3 不同面粉、米粉吸水性不同，要根据面糊最终的状态来调整用量。如果太稀了，就多加一点面粉或米粉。

4 煎的时候注意不要摊太厚，以免表面熟了，中间还没熟透。

水果软奶饼

🍲 **食材**

配方奶粉 70g ┃ 火龙果 20g ┃ 鸡蛋 1个

　　宝宝不爱吃辅食除了不喜欢食物本身的味道之外，食物的质地、形状、颜色等都是能否引起宝宝兴趣的因素。很多宝宝对泥糊状辅食失去兴趣后，会更喜欢可以用自己小手抓握质地更接近固体的小饼。这道质地柔软，混合了奶香和水果甜香的小奶饼，9个月左右的宝宝就能品尝，做法简单、方便，一口不粘锅就能轻松搞定。

🍴 **步骤**

1 把火龙果肉用滤网按压过滤出约20mL火龙果汁。

2 加入配方奶粉，打入1个鸡蛋，充分拌匀。

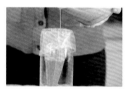

3 倒入裱花袋中。

4 用剪子在裱花袋口剪出一个小口。注意不能减太大。

5 先在平底锅内挤出若干个小饼坯，主要保持间距，挤好后开火加热。

6 加盖，开小火烙约5分钟。

7 烙至奶豆彻底凝固、不粘牙，即可出锅。

扫码观看视频

小贴士

1 除了火龙果，还可以用其他五颜六色的果汁来调配这道小饼。

2 1岁以上的宝宝也可以用普通奶粉代替。对蛋清过敏的宝宝请替换成2个蛋黄来做。

3 注意奶糊不能太稠或者太稀，否则不易成形。如果感觉太稀的话，可以适当加一点奶粉。

4 一次吃不完，可以密封后放入冰箱冷冻起来，但要在两周内吃完。吃之前回锅煎热即可。

番茄龙利鱼汤

🍲 食材

龙利鱼 300g | 番茄 250g | 玉米淀粉 3g
植物油 适量 | 生姜丝 适量

扫码观看视频

超市里卖的冷冻"龙利鱼"几乎都不是真正的龙利鱼，那些其实是越南湄河产的一种淡水鱼，当地称为"巴沙鱼"。要挑选真正的龙利鱼，需要到海鲜市场。

🍴 小贴士

1 在番茄顶部划"十"字后放入开水中烫是为了让番茄容易去皮，去皮后的番茄更便于宝宝咀嚼。

2 给1岁以上宝宝品尝的话，可适量加点盐调味。

🍲 步骤

1 龙利鱼肉擦干水分，切成约1.5厘米见方的小块。

2 放入生姜丝、加入少许植物油，拌匀后腌制15分钟。

3 用刀在番茄顶上划"十"字形，放入开水中，浸泡5分钟左右。

4 将浸泡好的番茄去皮、去蒂、切成小块，备用。

5 炒锅倒入油，油热后加入番茄块，翻炒。

6 炒到番茄出汁后倒入汤锅中，加入清水、盖上盖，转中火焖煮6分钟左右。

7 将腌制好的龙利鱼倒入锅中，继续煮约5分钟左右。

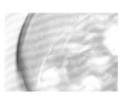

8 将适量清水倒入玉米淀粉中，混合成水淀粉。倒入锅中大火煮开，煮至汤汁稍微黏稠即可。

扫码观看视频

这道超级简单，但是口感、味道都非常棒的方子，普普通通的小米粥转眼就成了香甜浓滑的可口布丁。小米的加入，不仅给布丁增添了浓浓的米香，而且很容易就凝固成块。不仅可以舀着吃，还能从容器中倒扣出来切块吃，随做随吃，真心方便！

小米奶布丁

🍳 食材

配方奶 60mL ┃ 稠小米粥 30g ┃ 鸡蛋 1个 ┃ 草莓 1个

🍲 步骤

小贴士

1　小米粥要煮得越稠越好，使用太稀的小米粥做这道辅食时不易成形，也吃不出浓郁的米香味。

2　如果想要口感更为细腻，搅拌后可以用滤网过滤一两遍。

1 把煮好的稠小米粥倒入料理机，加入配方奶（或牛奶）。

2 搅打成细腻的米浆。

3 搅拌碗里打入一个鸡蛋，拌匀后倒入米浆。

4 表面如果有小气泡，用小勺轻轻撇去。装入耐高温的容器里。

5 冷水上锅，在扣盖蒸之前，容器上面也倒扣一个平盘，防止水蒸气被小布丁吸收。

6 水开后转中小火，继续蒸约15分钟。

7 关火后闷3分钟左右再揭盖。

8 切一点草莓丁装饰。

扫码观看视频

冬瓜白玉泥

 食材

冬瓜 100g ▌南瓜 100g ▌凉白开 20g

夏天 是各种瓜类蔬菜大量上市的季节。南瓜水分含量丰富，可以给刚刚添加辅食不久的宝宝及时补充水分，柔软的质地也有利于宝宝训练咀嚼、吞咽能力。这道冬瓜白玉泥，用细腻香甜的南瓜泥搭配质地稍韧一些的冬瓜，口感丰富，香甜清润的口感相当招人喜欢。

步骤

1 冬瓜去皮后切成细丝。

2 开水入锅，煮约10分钟至熟透。

3 沥干备用。

4 南瓜去皮、切小块。

5 冷水上锅，水开后继续大火蒸12分钟至熟。

6 稍放凉后倒入料理机中，加入凉开水。

7 搅打至细腻。

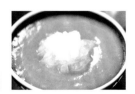

8 把南瓜泥倒入碗中，拌入冬瓜丝，小宝宝就可以享用了。

米粉丸

食材

婴儿米粉 25g ┃ 虾仁 30g ┃ 圆白菜 20g ┃ 鸡蛋 1个 ┃ 柠檬 1片

很多小宝宝才8个月左右，就完全不接受糊状食物了，喜欢有嚼劲的固体食物。这对于父母来说，喜忧参半。喜的是宝宝的咀嚼能力进步了，忧的是家里的婴儿米粉该怎么办。前段时间就有不少朋友问家里的婴儿米粉囤多了吃不完，想让我支个招。下面就分享一道用婴儿米粉做的米粉丸，软硬适中，即使宝宝牙齿还未萌出，依然可以用牙龈碾碎咀嚼，很适合作为糊状向固体过渡的辅食。

扫码观看视频

🍳 步骤

1 把处理好的虾仁剁碎。

2 挤入几滴柠檬汁，拌匀，腌制去腥。

3 将圆白菜放入开水中，焯约1分钟。

4 捞起后切去粗梗。

5 细细剁碎。

6 打入鸡蛋。

7 加入虾泥和菜末。

8 倒入婴儿米粉，搅拌成黏稠不易滑落的状态。

9 倒入一部分到模具中，压成宝宝容易抓握的可爱形状。

10 也可以双手蘸少许水后，搓成圆球。

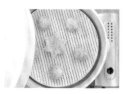

11 冷水上锅，大火蒸8分钟左右。

小贴士

1 步骤7中的食材可以自由替换，比如用鱼肉来代替虾泥，用其他青菜来代替圆白菜。

2 搅拌时可以加入少量清水，将混合物搅拌至黏稠且易成形即可。

3 蒸的时候注意锅边留缝，减少米粉丸吸入过多的水分而发黏，宝宝抓握的话也不会弄得到处都是。

小米南瓜山药粥

食材

小米 100g ┃ 山药 100g ┃ 南瓜 50g
清水 1000g

扫码观看视频

步骤

1 烧一锅水，水快煮开时倒入洗好的小米。

2 再次煮开后，转中小火，继续煮约15分钟。

3 南瓜洗净、去皮。

4 切成小丁。

5 将山药削皮。

6 切成小段。

7 把南瓜和山药倒入小米粥里。

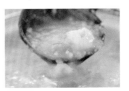

8 继续煮约15分钟，直至南瓜和山药软烂为止。

小贴士

米、水的比例可以根据宝宝咀嚼、吞咽能力来调整，我用的小米、水比例为1：10。

小米粥 矿物质和维生素的含量较高，易消化、吸收，米香味浓郁，喵姐、喵小弟生病、食欲不佳时，我都会熬上一碗。搭配些淀粉含量高的块茎类蔬菜，比如南瓜和山药等食材小火慢熬，营养和口感更加丰富，吃上一碗，胃里立马变得暖暖的。

牛油果小米糕

🍴 食材

鸡蛋 1个　牛油果 半个　配方奶 40mL
小米粥 30g　低筋面粉 5g　植物油 3g

牛油果 脂肪含量极高，含大量的不饱和脂肪酸，膳食纤维、维生素和矿物质含量丰富，是给宝宝们做辅食的理想食材之一。

扫码观看视频

🍲 步骤

1 牛油果对切成两半后去核、挖出果肉，切成小丁。

2 倒入料理机中，加入小米粥、配方奶、鸡蛋、植物油。

3 搅拌均匀。

4 盛到小碗里，加入低筋面粉。

5 拌匀，让面糊呈具有流动性又不容易滴落的状态。

6 在模具底部和四周刷上薄薄一层油，铺上油纸，方便脱模。

7 倒入面糊，倒扣一个平盘防止水蒸气回落。

8 冷水上锅，水开后转中火继续蒸15分钟。

9 揭盖，稍稍放凉。

10 脱模后用裱花嘴或其他模具做出造型，切块后给宝宝品尝也可。

小贴士

1　配方奶也可以用清水或纯牛奶（1岁以上）代替。对蛋清过敏的宝宝可以用2个蛋黄来代替鸡蛋。

2　如果面糊太稀可以适当加一点面粉，如果太稠则可以多加一点配方奶。

小米软饼

🍴 **食材**

小米 30g ▌低筋面粉 50g ▌
鸡蛋 1个 ▌清水 120g

扫码观看视频

🍲 **步骤**

1 小米加入适量清水，浸泡约1小时，至米粒膨大。

2 沥干水分，倒掉泡过米的水。将小米倒入搅拌机，加入清水，打成小米浆。

3 倒出做好的小米浆，打入1个鸡蛋，加入面粉。

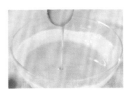

4 搅拌至无颗粒的流动状，静置15分钟，让面糊充分吸收水分，小饼也会更松软。

5 起小火，热锅少油，舀起一勺面糊从上往下倒入锅中，自动形成圆形。

6 约2分钟后翻过来烙另外一面，烙至两面金黄即可出锅。

7 舀一勺小米糊倒入平底锅中。轻轻摇晃，摊成一个大圆形。

8 约2分钟后翻面烙另外一面，烙约1分钟后出锅。

小贴士

鸡蛋过敏的宝宝可以不加鸡蛋。我做的是基础款的小米饼，如果想做成甜口的，可以加一点蔓越莓丁、葡萄干等甜果干。

小米 好咀嚼、易消化，营养成分比大米更丰富，又特别养胃，无论大宝宝和小宝宝都可以适量吃些。小米除了煮粥，做成各类面食也很美味。这道小米软饼，食材特别简单，简单好做，新手上手也可以零失败，赶紧试试吧。

流心土豆饼

🍳 **食材**

土豆 1个 ▎玉米粒 10g ▎玉米淀粉 5g ▎
奶酪碎 适量 ▎植物油 少许

扫码观看视频

🥢 **步骤**

1 土豆去皮后切小块，和玉米粒一起上锅蒸约15分钟。

2 将玉米粒切碎。

3 将蒸熟后的土豆趁热研磨成泥。

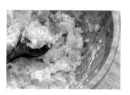

4 加入玉米淀粉，拌匀。

5 取一小块土豆泥，搓圆后压扁，包入适量玉米粒和奶酪碎。

6 整理成圆饼状，依次做好剩下的土豆饼。

7 热锅少油，放入土豆饼，中小火慢煎。

8 一面煎至金黄后，翻面再煎，煎至两面金黄即可。

🍴 **小贴士**

1 玉米淀粉可以增加黏稠度，让土豆饼不容易散开。

2 建议使用马苏里拉奶酪，拉丝效果最好。也可以将玉米粒换成米饭、胡萝卜、西蓝花等，不同的内馅组合，可以给宝宝提供更丰富的营养。

煮熟的土豆带有淡淡的甜香，口感粉糯，既好吃又好消化。这道外表金灿灿，撕开后可以拉丝的美味土豆饼，做主食、做配菜都很美味。

这道小饼入口软糯，11个月左右的宝宝也能用牙龈轻松碾碎吞咽。

田园土豆饼

扫码观看视频

土豆 1个 ▏ 香蕉 半根 ▏ 红、绿椒 各10g ▏ 中筋面粉 20g

这道田园土豆饼，食材和做
法都非常简单，清新淡雅的田园风
也非常适合在夏天享用。

1 将土豆放入汤锅里，大火煮约12分钟。

2 煮至用筷子可扎透的程度，捞起后稍稍放凉。

3 去皮后，趁着余热，捣成细腻的土豆泥。

4 把洗净的彩椒切成小丁。

5 把彩椒丁和中筋面粉一起倒入土豆泥里。

6 充分搅拌均匀。

7 香蕉切小丁。

8 取一小份土豆泥，搓圆后压扁。

9 包入适量的香蕉丁，依次做好剩余的土豆饼。

10 热锅少油，码入土豆饼，开始小火慢煎。

11 一面煎至微黄后，翻面继续煎至两面微黄，即可出锅。

小贴士

1 香蕉可以增加香甜的口感，不过要切好后迅速加入，以免氧化变色。

2 如果土豆煮后水分太多，会导致面饼过稀，可以把煮改成蒸，这样更方便新手处理其中的水分。

香煎小藕饼

🍲 食材

莲藕 100g ┃ 里脊肉 50g ┃ 胡萝卜 15g ┃ 小葱 1根

对于已经接受了固体食物的小宝宝来说，饼是再常见不过的手抓辅食了。秋藕上市的季节里，煎得外焦里嫩的藕饼特别受大、小朋友的欢迎。但传统的藕饼不仅油腻，食材也较为复杂。这道香煎小藕饼，不加鸡蛋和面粉，荤素搭配，健康少油。

🍲 步骤

1 莲藕洗净、削皮。

2 切成小丁备用。

3 将胡萝卜洗净、削皮。

4 切成滚刀块。

5 将小葱切成末。

6 里脊肉切成小块。

7 把所有处理好的食材一起倒入料理机里。

8 打成细腻的泥糊。

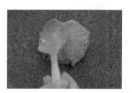

9 热锅少油，舀一勺泥糊到锅里。

10 煎至肉饼成形、变色后，翻面继续煎。

11 小火继续煎约2分钟即可。

小贴士 🍴

1 将莲藕放入凉水中浸泡可防止其氧化、变色。

2 如果小宝宝对腥味敏感，可将里脊肉先用姜葱水腌制一下去腥。

3 不要把面糊摊得太厚，否则不易煎透、煎熟。

4 如果是1岁以上的宝宝，可以加入一点盐调味。

土豆花生酱松饼

🍳 食材

配方奶 90mL ❘ 鸡蛋 1个 ❘ 花生酱 55g ❘
土豆 50g ❘ 低筋面粉 45g

花生酱的浓郁香气，即使是不爱吃辅食的宝宝也会轻易爱上。这道快手小饼，用花生酱搭配土豆、配方奶（牛奶）等食材，松软的口感加上浓浓的香味，绝对会让大小宝宝都爱不释手。

扫码观看视频

🍽 步骤

1 土豆洗净、去皮、切小块。

2 冷水上锅，水开后大火蒸10分钟。

3 趁热捣成泥。

4 把花生酱和配方奶混合，打入一个鸡蛋。

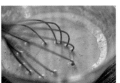

5 加豆泥，充分拌匀。

6 筛入低筋面粉。

7 搅拌至面糊顺滑、无颗粒、易滴落的状态。

8 小火加热不粘锅，不加油，直接舀入适量面糊。

9 煎至底部凝固后，翻面煎至两面上色均匀，即可出锅。

小贴士

1 一岁以上的宝宝可以把配方奶换成牛奶（或者清水），蛋清过敏的宝宝可以换成两个蛋黄，或者干脆不加鸡蛋。

2 建议用专门的打蛋器而不是筷子搅拌，才能让食材更均匀地混合。

3 过筛可以让成品表面更加光滑，口感更加细腻。

4 如果面糊过稠，可以多加一点液体，确保流动性，这样摊面饼的时候才容易摊得又薄又圆。

香蕉一口酥

食材

香蕉 2根　鸡蛋 2个 ┃ 玉米淀粉 30g ┃
面包糠 适量 ┃ 植物油 适量

扫码观看视频

步骤

习惯生吃香蕉的你，有没有想过香蕉还能有不一样的口感呢？这道香蕉一口酥，做法简单、方便：把香蕉裹上蛋液和面包糠，稍微煎一煎就变得外脆里软，满嘴浓郁的香蕉味绝对会让你瞬间爱上！

1 将鸡蛋充分打散。

2 将2根香蕉，分别切成5小段。

3 在香蕉段表面蘸上一层玉米淀粉。

4 再均匀地裹一层蛋液。

5 浸泡3分钟左右，让香蕉充分吸收蛋液。

6 最后再裹一层面包糠。

小贴士

1 淀粉可以用玉米淀粉、土豆淀粉。

2 没有面包糠，也可以试试用料理机打碎的即食燕麦代替。

7 热锅少油，放入香蕉。

8 小火煎至底部微焦后，翻面继续煎。

9 煎至各面都微焦后，即可出锅。

雪梨银耳糕

🍴 食材

酸奶 60g | 雪梨 30g | 低筋面粉 25g
银耳 1.5g | 鸡蛋 1个

🍲 步骤

1 将银耳提前用清水充分泡发。

2 倒入料理杯中，加入60g酸奶和1个鸡蛋。

3 用料理机充分搅打细腻。

4 把打好的银耳泥倒入小碗当中。

5 加入低筋面粉。

6 用筷子搅拌至面糊顺滑、没有颗粒的状态。

7 把雪梨切成小丁。

8 把果肉倒入面糊中，再次拌匀。

9 在模具的底部和四周抹上薄薄一层油，方便脱模。

10 倒入面糊，抹平表面。

11 在模具上方倒扣一个平盘，防止水蒸气回落，影响成品外观。

12 冷水上锅，水开后转中火，继续蒸15分钟。

13 揭盖，倒扣脱模即可。

🍴 小贴士

1 可以挤入几滴柠檬汁去除蛋腥味。
2 雪梨也可以用其他果蔬代替。梨肉的加入，既增加了甜度，同时还能提升口感，增加宝宝咀嚼吞咽的锻炼机会。

干燥的天气，除了给小宝宝多补水外，可以在饮食上适当加入银耳、雪梨等清甜滋润的食材。这道雪梨银耳糕，在蒸糕中加入雪梨和银耳，既改善了口感，吃起来更加温润绵软，营养也更加丰富，作为辅食或者儿童餐，都特别不错。

扫码观看视频

奶香味 十足的奶酪不仅钙质丰富，而且可以给小宝宝提供充足的热量。和甜度高的果蔬，比如香蕉、苹果、草莓、香芋等搭配在一起，加热后，口感也会变得特别顺滑，奶香味也会更加浓郁。这道奶酪香蕉派，不需要烤箱，也不需要揉面发酵，一口小小的平底锅就能完成。

奶酪香蕉派

🍴 食材

奶酪 20g ▍ 饺子皮 8张
熟香蕉 1根 ▍ 清水 50g

扫码观看视频

🍴 步骤

1 香蕉、奶酪切小丁。

2 饺子皮舀入适量香蕉碎和奶酪碎。

3 饺子皮边缘用手指粘少许清水，轻轻点一圈。

4 覆上另一张饺子皮，把边缘按压紧实。再用叉子压出花纹。

5 热锅少油，放入饺子。

6 中小火煎约2分钟，翻面再煎，直至两面金黄。

7 加入少许清水。

8 盖上盖子，小火焖一下。

9 水分收干后，即可出锅。

小贴士

1 喜欢口感细腻的，可以用小勺把香蕉压成泥。如果宝宝咀嚼能力不错，切成颗粒感更强的小丁会更好。

2 奶酪尽量选择天然的低钠奶酪。

3 包入的馅料不用多，否则做好容易漏。

4 饺子皮沾水后会粘得更紧，避免煎的时候封口爆开。

5 因为加的水不多，所以焖的时间不用太长，半分钟至一分钟即可。

6 可以加入苹果丁、草莓丁等，做成不同口感的水果派。

冬瓜虾皮碎碎面

食材

冬瓜 40g ▏虾皮 3g ▏芹菜 2根 ▏蛋黄 1个 ▏面条 30g

炎热的夏天最适合喝点冬瓜汤，既可以给宝宝补充水分，又清凉解暑，如果再搭配上主食面条，以及虾皮、芹菜等天然调味料，就是一顿不错的辅食了。

扫码观看视频

步骤

1 虾皮放入水中，浸泡约15分钟，去除多余的盐分和杂质。

2 冬瓜去皮，切成小丁。

3 洗净的芹菜也切丁备用。

4 泡好的虾皮切成碎末。

5 热锅少油，开中小火，放入虾皮炒出香味。

6 加入冬瓜丁和芹菜丁，继续翻炒约2分钟。

7 加入约500g的清水，大火煮开。

8 将面条掰成小段。

9 煮开后加入碎碎面，煮约6分钟，至冬瓜、面条熟透软烂。

10 淋入蛋黄液，用筷子迅速搅拌均匀，继续煮约1分钟即可出锅。

小贴士

1 加入蛋黄可以使这道辅食的味道变得浓郁，蛋黄过敏的宝宝可以不加。

2 如果给大一些的宝宝吃，可以在出锅前撒一点盐。1岁左右的宝宝就不需要另外调味了，虾皮本身就是很好的天然调味料。清淡一些也能够让宝宝的饮食更健康。

扫码观看视频

米粉蛋黄球

食材

蛋黄 2个 | 婴儿米粉 25g

步骤

1 把盛有蛋黄的小碗放在另一个装温水的大碗中。

2 用电动打蛋器打发至蛋黄发白，体积膨胀。

3 拌入婴儿米粉。

4 用抹刀从下往上翻拌均匀。

5 搓成一个个小圆球状。

6 烤盘上铺油纸，把小丸子码上。

7 放入预热至160℃的烤箱中、上层，烤约12分钟。

无论是米粉还是蛋黄，都是宝宝在添加辅食的初期经常尝试的食材。这道米粉蛋黄球，既可以当小宝宝的辅食，也能充当大宝宝的零食，食材简单，只需要米粉和蛋黄就能够完成。

小贴士

1 打发蛋黄时，需要借助隔温水打发的方式，降低蛋黄的黏稠度，促进蛋黄形成乳化液，这样才能打发起泡。

2 不可将婴儿米粉替换为超市里的黏米粉。如果宝宝大了不用吃婴儿米粉了，可以用等量的面粉代替。

3 烘烤的时间要根据上色情况来决定。另外，烘烤的时间越久表面会越硬。如果宝宝咀嚼吞咽能力还比较弱，烘烤的时间不宜过久。

4 一次吃不完的可以密封常温保存，但要在3～5天内吃完。

扫码观看视频

小米水果露

🍽 食材

小米 30g ┃ 中筋面粉 70g ┃ 配方奶 300mL ┃
水果（水蜜桃、青提、红提、香蕉）适量

🍳 步骤

1 将洗净后的小米倒入锅中，大火烧开，烧开后煮约4分钟，捞出沥干水分。

2 将中筋面粉分次倒入沥干水分后的小米中，快速搅拌均匀，使每颗小米都能够均匀地裹上面粉。

3 水烧开后倒入裹上面粉的小米，盖上盖子，中火煮12分钟。

4 将煮好后的小米捞出，放入凉开水中，稍微静置一会放凉。

5 将水蜜桃、青提、红提去皮，切成小碎丁，香蕉切丁。

6 将放凉后的小米沥干水分，装入碗中，加入配方奶拌匀。

小贴士 🍴

1 煮小米的时间不能过长，煮好后马上捞出沥干水分，否则裹面粉的时候不易成形。

2 煮的时候不要用大火，避免火候过大，面粉被煮散开，就会失败。

3 过一下凉水，能够避免小米粘在一起，口感也会好一些。

4 一岁以上的宝宝，可以用牛奶代替配方奶。

西米做的甜品非常爽口，天气热的时候来一碗特别招小朋友喜欢。但对于特别小的宝宝来说，西米不易咀嚼、消化。这道小米水果露，软硬适中，易咀嚼、好消化，适合不爱吃粗粮的小宝宝。

红薯酸奶蒸糕

🍠 食材

红薯 1个 ▍低筋面粉 10g ▍鸡蛋 1个

自制酸奶 适量 ▍蓝莓 适量

扫码观看视频

文道红薯酸奶蒸糕，简单易做，不需要打发蛋白也不需要烤箱，只需要几种食材，一口蒸锅，就能做出一款连小宝宝也能放心品尝的小蛋糕。

用酸奶装饰，点缀上水果粒，健康又美味。勺子挖下的那一刻，心都要跟着融化了。

1 将红薯去皮后切小块，上锅蒸12分钟蒸熟。

2 趁热捣成泥，取35g红薯泥备用。

3 将鸡蛋打散。

4 加入低筋面粉和红薯泥。

5 搅拌成细腻、顺滑、无颗粒的泥糊。

6 在模具底部铺上油纸，或者刷一层薄油，方便脱模。

7 倒入泥糊。

8 倒扣一个盖子，冷水入锅。

9 水开后蒸15~20分钟，至完全凝固。

10 沿杯壁用牙签转一圈，倒扣脱模。

11 揭开油纸，切成适合宝宝入口的大小，即可享用。

12 淋上自制酸奶，用蓝莓装饰即可。

🍴 小贴士

1 蛋清过敏的宝宝可以只用蛋黄部分，但要另外加30g的清水或配方奶（牛奶），不然会太干。

2 搅拌时如果太干，可以加入一点点清水或配方奶（牛奶），再继续搅拌。

3 蒸好后可以用牙签或筷子戳一下，确保完全熟透。

银鱼玉子烧

🍲 **食材**

牛奶 20g ┃ 银鱼干 10g ┃ 鸡蛋 3个 ┃
玉米淀粉 3g ┃ 小葱 1根 ┃ 植物油 适量

制作日式玉子烧时，通常会在鸡蛋中添加鱼糜、虾肉及山药泥，这样玉子烧就会膨松软嫩，间中有细密空隙，层次丰富，口感香甜。这道宝宝版玉子烧，不加盐和糖，照样香甜可口。

如果把方子里的牛奶换成配方奶或者清水，11个月左右的宝宝也可以美美地享受一番。另外，使用的食材并不是固定的，掌握了玉子烧的方法后，很多宝宝爱吃的食材都可以尝试加入。

1 将银鱼干泡水回软。

2 将小葱切成末。

3 将鸡蛋打散。

4 把泡软的银鱼细细剁碎。

5 倒入蛋液中，加入玉米淀粉、牛奶和葱花。

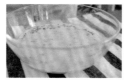

6 仔细拌匀。

7 不粘锅刷一层薄油。

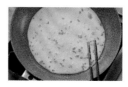

8 倒入1/4的蛋液。

9 晃动平底锅，让蛋液铺满锅底。

10 开中小火，加热至蛋液底部凝固，上层还带有液体的状态。

11 用铲子将蛋皮对折卷至边缘，再倒入部分蛋液，铺满底部。

12 等底部凝固后，从厚的一端再次一层层卷起。

13 重复这个过程，直到将蛋液用完。

14 关火，把蛋卷移到干净案板上。

15 切成适合宝宝入口的小块。

扫码观看视频

小贴士

1 也可以用新鲜银鱼，或者虾仁、无刺鱼肉来做这道菜。

2 葱花可以提色、增味，如果不喜欢葱的味道，可以不加。

3 打发蛋液时要略微用力，打发至蛋清、蛋黄完全融合。

4 玉米淀粉可以增加蛋液的黏性，煎的时候不容易破。

5 加牛奶会让玉子烧更膨松、更多汁、更好吃。1岁以下的宝宝可以换成配方奶，或者干脆用同等量的清水来做。

6 大一些的宝宝或大人吃的话，可以加入少许盐调味。

7 油不能多放，而且要尽量刷得均匀，有助于让蛋液成形。

8 蛋液一次不能倒太多，太多会导致蛋皮过厚，一卷就断。也不能太少，太少铺不满锅底，又或者熟太快，会影响成品质量。

9 用方形的小煎锅效果会更好。

10 先把蛋液铺好再开火，避免把蛋液煎煳。另外，尽量在下层蛋液刚刚凝固、上层还是液体的时候把蛋皮卷起，这样成品的内部才会更加紧实，出来的口感也会更好。

11 卷起时如果中间破掉不要怕，只要不是最后一层就能补救。

快手苹果吐司派

🍴 食材

苹果 1个 ▍吐司 4片 ▍鸡蛋 1个 ▍细砂糖 20g
无盐黄油 15g ▍玉米淀粉 5g ▍清水 100g

香浓的苹果派不仅外皮酥脆，甜滋
滋的苹果馅在入口的一刻简直让人迷醉。
不仅孩子爱吃，大人也难逃其诱惑。这道
用白吐司来做快手苹果派的方子，没有烘
焙基础的朋友也能轻松上手。菠萝派、香
蕉派、紫薯派等都可以如法炮制。

小贴士

1 熬苹果馅时要不时地搅拌一下，避免糊锅。
2 烤的过程中要随时观察，烤至表面变得金黄，
即可出炉。

🍳 步骤

1 苹果削皮、去核，切成小丁。

2 在玉米淀粉中兑入100g清水调成芡汁。

3 将无盐黄油放入奶锅中。

4 加入苹果丁，小火翻炒2分钟。

5 倒入细砂糖和芡汁。

6 小火熬至汤汁浓稠，关火备用。

7 把吐司切去四边。

8 擀平。

9 边缘抹少许提前拌好的蛋液。

10 在半片吐司上斜着切三刀，不要切断。

11 铺适量苹果馅。

12 再把有划痕的一面盖上。

13 边缘用小叉子压紧实。

14 两面抹上蛋液，这样成品蛋香味更浓，也更漂亮。

15 放入预热至180℃的烤箱中层，上、下火烤约15分钟。

山药薯泥茶巾绞

扫码观看视频

🍽 食材

紫薯 200g ｜ 山药 100g ｜ 牛奶 15g ｜ 细砂糖 8g

茶巾绞，是日式料理里点心的做法：用麻布裹住柔软的食材，拧成团状，麻布的纹理就会印刻在食材上。

这道山药薯泥茶巾绞，用保鲜膜代替麻布，使用非常应季和常见的两种食材，搭配少许牛奶和细砂糖，味道清甜、爽口。当早餐、当茶点，都非常可口。

🍳 步骤

1 紫薯洗净、削皮。

2 切成大小均匀的块，便于蒸熟。

3 山药切成小段。

4 将紫薯和山药一同冷水入锅。

5 大火蒸约20分钟。

6 山药稍稍放凉后削皮。

7 放入搅拌碗，加入细砂糖。

8 用勺背或者其他工具，趁热按压成细腻的山药泥。

9 将紫薯用勺背压成紫薯泥，加入牛奶和细砂糖。

10 压成细腻的紫薯泥。

11 取小份紫薯泥，搓成乒乓球大小的圆球。

12 将紫薯球按扁，包入少许山药泥丸，重新包成丸子。

13 用保鲜膜包起来。

14 按图示拧一圈，即可。

小贴士

1 山药蒸熟后再削皮可避免出现皮肤过敏的情况。

2 紫薯水分含量很少，加入少许液体可以使成品口感更顺滑。一岁以下的宝宝可将牛奶换成配方奶或清水，可以不加细砂糖。

3 做好的成品可用冰箱冷冻，且要在3天内吃完。

缤纷面条比萨

🍲 食材

细面 30g ┃ 牛奶 30g ┃ 玉米粒 20g ┃
圣女果 2个 ┃ 鸡蛋 1个 ┃ 马苏里拉奶酪碎 适量

扫码观看视频

这道 缤纷面条比萨，做法简单、快捷，只需要一口平底锅就能完成。口感更软，1岁左右的宝宝都能尝试。

比萨皮是用面条和鸡蛋做成的，带有浓郁的牛奶香味，用各式蔬果做配料，营养和口感兼具。喜欢肉食的还能铺点虾仁、三文鱼丁，缤纷多彩的馅料就很诱人。

步骤

1 把细面掰成小段，放入开水中煮3分钟。

2 煮软后捞起沥干，备用。

3 放入玉米粒，焯约2分钟。

4 捞出备用。

5 圣女果洗净、切薄片。

6 打入一个鸡蛋，拌匀。

7 倒入煮好的细面。

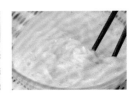

8 加入牛奶，拌匀。

9 平底锅刷薄油，倒入面条糊。

10 小火煎至表面稍微凝固后，撒上玉米粒。

11 铺上圣女果片。

12 喜欢吃奶酪的小朋友，可以铺点马苏里拉奶酪碎。

13 盖上盖子，小火焖约3分钟。

14 奶酪化开后即可关火。

15 切成适合宝宝入口的大小。

小贴士

1 如果宝宝不到1岁，就用配方奶来代替牛奶。

2 全程都要小火煎，临出锅时就把火关掉，利用锅里的余温让奶酪化开。

快手虾皮蛋肠

☷ 食材

米粉 75g ▏澄粉 10g ▏虾皮 5g ▏鸡蛋 1个
小葱 1根 ▏植物油 适量 ▏生抽 适量 ▏清水 170g

广东人特别爱吃肠粉，这种用大米打成的米浆，经过高温蒸熟后，软香适口，大人、孩子都很爱吃。这道快手虾皮蛋肠，在家就能轻松做出，成功率也非常高。

扫码观看视频

步骤

1 虾皮用清水浸泡至软。

2 鸡蛋打散。

3 将蛋液倒入澄粉和米粉中。

4 倒入170g左右的清水，加入虾皮。

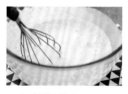

5 充分搅拌均匀。

6 葱切末。

7 取一个耐高温的方形容器，四壁和底部抹一层薄油。

8 倒入步骤5的混合物。

9 轻震出大气泡。

10 水开后上锅，大火蒸约5分钟。

11 撒上葱花。

12 借助刮刀或其他工具将蛋肠卷起。

13 淋上少许生抽或者自制的酱汁，即可。

小贴士

1 澄粉也叫澄面、小麦淀粉，和其他植物淀粉相比透明度高，可以让口感富有弹性。米粉即大米粉，可以用料理机将大米研磨成粉，也可以直接买一包水磨米粉回来用。

2 制作时还可以加一点胡萝卜丝、青菜末或者肉末，营养会更加丰富。

3 制作时，我用的是6英寸（21厘米左右）的不粘模具，可以做8个左右。尽量摊薄一些，容易蒸熟，口感也会更绵软。

荠菜虾仁馄饨

馄饨皮 200g | 荠菜 150g | 猪肉糜 100g | 虾仁 50g |
生抽 2g | 盐 1g | 清水 适量 | 姜 适量 | 葱花 适量

扫码观看视频

春天滋味的蔬菜里，清新怡人，带着天然绿叶香气的荠菜可谓是餐桌上的宠儿了。作为世界上种植区域分布区域最广的野菜之一，荠菜是饥馑年代人们果腹的山野美食。到了今天，吃上一把脆嫩的野荠菜，却也成了味蕾的一种奢侈享受。荠菜的上市时间非常短，只有嫩生生的荠菜刚抽出嫩条，还没打花苞时，滋味最为鲜美。

1 荠菜择去老根和黄叶。

2 用清水冲洗干净。

3 开水中焯烫约1分钟。

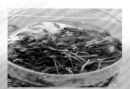

4 捞出过下冰水,保持鲜翠色泽的同时,荠菜的清香也会更好地得以保留。

5 充分挤干水分。

6 细细剁碎。

7 生姜切末。

8 将虾仁剁成泥。

9 把虾泥、猪肉糜和荠菜末倒入搅拌碗里。

10 加入姜末和生抽,搅拌均匀后稍微腌制下去腥。

11 取一张馄饨皮,四周抹少许清水。

12 包入适量馅料。

13 稍稍压平后沿对角线对折成等边三角形。

14 再用手指沾水,沿三等分位置向上翻折,做成类似小船的造型。

15 将两端沾水后弯折交叉,捏紧。

16 汤锅里加入适量清水,开小火后把馄饨轻轻放入。

17 煮约8分钟,等馄饨一个个浮起来后,撒盐和葱花,即可开吃。

小贴士 🍴

1 猪肉最好选择带一点肥肉的前腿肉,做出来的馅料才会软嫩多汁,鲜美不柴。

2 一次吃不完的可以密封起来、放冰箱冷冻室冷冻保存,但要在2周内吃完。

花生酱拌面

🍲 食材

黄瓜 100g ▎面条 60g ▎花生酱 20g ▎温水 10g ▎虾皮 6g ▎
小葱 1根 ▎盐 1g ▎植物油 适量 ▎凉白开 适量

扫码观看视频

🍳 步骤

1 虾皮提前用清水泡软。

2 黄瓜去皮后切成细丝。

3 葱切末。

4 将花生酱和温水混合。

5 搅拌均匀。

6 把面条加入煮沸的汤锅里。

7 加入盐，转中火煮约8分钟，把面条煮软。

8 捞出后过一下凉白开。

天气热得食欲全无的时候，最适合来一道清爽的面条了。浓郁的花生酱能给主食带来让人垂涎的香味。制作这道花生酱拌面，还可以加入虾皮、银鱼、干贝等，进一步提鲜、增香的同时，还能给小宝宝补充丰富的蛋白质，可谓两全其美。

9 沥干待用。

10 热锅少油，倒入虾皮和黄瓜丝，翻炒3~4分钟。

11 盛出后，和面条混合。

12 加入花生酱，充分拌匀即可。

小贴士

1 可以用擦丝器直接将黄瓜刨成细丝。

2 花生酱本身味道浓郁，热量也较高，可以加适当温水稀释下，吃起来会更加适口不腻。

3 过冷水的步骤可以防止面条粘连，并且面条会变得更劲道，口感更好。

1 鲜虾洗净后去头、尾、外壳，挑出腹、背两条虾线。

2 将虾肉剁成虾泥。

3 葱切末。

4 一起倒入搅拌碗里，加入生姜丝、盐和玉米淀粉。

5 拌匀后，腌制15分钟去腥。

6 取一张馄饨皮，在中间放入适量肉馅。

7 用手指蘸点清水，沿着四边把馄饨皮沾湿。

8 盖上另一张馄饨皮。

9 利用刀背把两张馄饨皮压紧实。

10 依次做好剩余的虾饼。

11 热锅少油，放入虾饼。

12 小火煎至一面微黄后，翻面。

13 继续煎至两面微黄后盛出。

14 从中间切成两半。

15 淋上沙拉酱。

16 再撒上肉松、芝麻、海苔等进行点缀。

小贴士

① 如果想要口感更筋道，层次更丰富的话，可以加一点前腿肉一起剁馅。

② 如果小宝宝的咀嚼能力还较弱，可以在出锅前加少许水焖煎一下，让外皮变得更加柔软易嚼。

③ 酱料可以用沙拉酱、花生酱、芝麻酱等来调配。

肉松虾饼

🍽 食材

鲜虾 250g ┃ 馄饨皮 8张 ┃ 小葱 1根 ┃ 玉米淀粉 3g ┃ 盐 1g ┃
生姜丝 1g ┃ 肉松 适量 ┃ 沙拉酱 适量 ┃ 清水 适量 ┃ 植物油 适量 ┃
芝麻 适量 ┃ 海苔 适量

这道 味道层次非常丰富的快手煎饼，用现
成的馄饨皮包裹住鲜甜的虾肉，小火慢煎慢慢溢出
肉香四溢的味道后，再配上沙拉酱和肉松，绝对是
餐桌上一道点击率极高的美食。

小米银鱼饼

🍳 食材

中筋面粉 100g | 小米 50g | 干银鱼 15g | 鸡蛋 1个 |
盐 2g | 酵母 1.5g | 清水 200g

扫码观看视频

鲜甜的银鱼肉不仅适合炒菜入汤，和米面等主食一起煎成小饼，丰富了米饼的口感层次，而且高蛋白的鱼肉也可以让营养更加全面。这道美食小米银鱼饼，既有精白面粉和粗粮小米的搭配，又有碳水化合物和优质蛋白的结合，营养可口，绝对是小宝宝们的美味佳肴。

🍲 步骤

1 干银鱼用清水泡发至变软。

2 把小米倒入料理杯里。

3 搅打成细腻的小米粉。

4 拌入中筋面粉中。

5 加入酵母和清水。

6 打入一个鸡蛋。

7 用筷子充分拌匀。

8 盖上保鲜膜，室温下发酵约45分钟。

9 泡好的银鱼切成小丁。

10 把银鱼丁拌入发酵好的面糊里，调入盐，拌匀。

11 热锅少油，倒入面糊，铺平底部。

12 加盖，小火烙约6分钟。

13 烙至底部凝固、微黄后，用一个平盘盖在小饼上，按稳后倒扣平底锅，用平盘接住小饼。

14 重新移入平底锅里，盖上盖子继续小火烙约5分钟。

15 切成小块，即可。

小贴士

1 可以将洗后的小米晾干，或者用厨房纸充分吸干水分再倒入料理机搅打。

2 除了小米粉，也可以用大米粉、藜麦粉等代替。

3 制作这道小饼时，可以使用高筋面粉或低筋面粉。

4 发酵时，当面糊发酵至表面有气孔产生，就代表发酵好了。如果想第二天早上做，可以提前一晚放入冰箱冷藏室（保鲜室）冷藏发酵，第二天取出后稍微搅拌下，继续下面的步骤。

5 清水可以用牛奶、配方奶代替。

6 对蛋清过敏的宝宝，可以用两个蛋黄代替。

7 担心银鱼有腥味的，可以挤入几滴柠檬汁腌制10分钟左右去腥。

8 盐的分量可以根据宝宝的年龄来调整。

9 一次吃不完的，可以密封后冰箱冷冻起来，但要在2周内吃完。

水果可丽饼

食材

牛奶 84g | 鸡蛋 1个 | 低筋面粉 40g |
浓稠酸奶 适量 | 草莓 2个 | 香蕉 1根

可丽饼甜咸可选，食材用料简单，制作起来也非常简
单易上手。搭配水果是甜味可丽饼最常见、也是最健康的吃
法。和大家分享的这道甜可丽饼，用了酸甜的水果和酸奶来
搭配，营养满分，也能给一家人的早晨带来满满的幸福感！

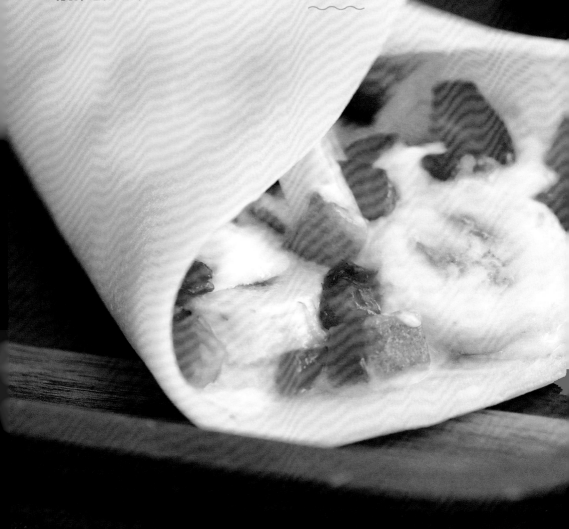

🍳 步骤

1 将鸡蛋打入碗中，倒入牛奶。用打蛋器搅拌均匀。

2 筛入低筋面粉。

3 将面糊划"Z"字拌匀。

4 用滤网滤一遍，过滤后的面糊会更加细腻。

5 不粘锅先不开火，在底部均匀刷层薄油。

6 舀入一大勺面糊，提锅轻晃一圈，让面糊均匀铺平底部。

7 起小火，煎至面糊凝固。

8 翻面，煎至底部微黄（约1分钟），煎熟后盛盘备用。

9 香蕉切小段。

10 草莓切丁。

11 面饼上铺一层浓稠的酸奶，撒上水果丁。

12 饼皮两边朝中间折叠，配一杯醇香牛奶，美好的一天就开启了。

小贴士

① 如果宝宝对牛奶过敏，可以用等量清水代替。

② 面粉过筛，可以让面糊里拌入更多的空气，口感会更加膨松。

③ 搅拌面糊时避免用画圈的方式搅拌，以免面糊起筋，口感变硬、变韧。

④ 面糊铺平底部后再点火，这样可以防止面糊还没来得及摊匀，但表面已经凝固。

番茄小凉糕

扫码观看视频

食材

番茄 1个 ┃ 牛奶 30g ┃ 玉米淀粉 20g ┃
细砂糖 15g ┃ 椰蓉 适量

番茄 的风味在所有蔬菜里属于比较特殊的，恰到好处的甜与酸，以及独特的鲜味，让喜欢吃番茄的朋友特别着迷。这道用番茄做的小点心，番茄中的鲜味因子给这道辅食增添了独特的风味，番茄红素则让它看起来更加鲜美诱人，绝对讨小朋友喜欢。

小贴士

1 糖的分量可以根据宝宝年龄和口味进行调整。牛奶也可以换成椰浆、清水等。

2 熟油即烧热的油，也可以用初榨橄榄油等可直接食用的油代替。

3 建议当天或者隔天吃完，保持最佳口感。

步骤

1 在番茄上划"十"字，用开水烫1分钟左右，撕下外皮。

2 切成小块。

3 放入料理机中，搅成番茄泥。

4 把番茄泥倒入小汤锅，加入玉米淀粉、细砂糖和牛奶，搅拌均匀后开小火。

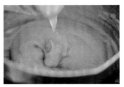

5 不断搅拌，小火熬煮至浓稠不易滴落的状态后关火。

6 在模具底部和四周刷上薄薄一层熟油，倒入番茄泥。

7 抹平表面，盖上保鲜膜后放入冰箱保鲜室冷藏2小时以上成形。

8 从冰箱取出脱模后，切成小方块。

9 裹上椰蓉，就可以美美享用了。

绿豆蒸糕

🍲 食材

低筋面粉 100g ▎绿豆 40g ▎红糖 30g ▎
无铝泡打粉 2g ▎温水 90g

当豆香满满的绿豆和温润绵软的蒸糕碰撞在一起，会产生什么样的味觉体验呢？这道简单快手的中式糕点，只需要简单几个步骤就能完成。米香和豆香相互交织，再加上红糖的馥郁香气，吃起来特别有滋味。

扫码观看视频

小贴士

1 提前将绿豆洗净、晾干，不要带有水分。也可以用红豆、黑豆等来制作这道粗粮小点。

2 不需要把绿豆打得很细腻，保留一点颗粒感会更有嚼劲。

3 泡打粉作为膨松剂，可以让面糊在受热时快速膨胀。记得购买时选择无铝的。

4 加红糖主要是为了让成色更漂亮，也可以将其换成细砂糖。

5 模具可以用耐高温的蛋糕杯、硅胶模具等。

6 一次吃不完的，可放入冰箱冷冻保存，但要在2周内吃完。吃之前回锅蒸热即可。

🍚 步骤

1 把绿豆倒入研磨杯中。

2 用料理机打成绿豆粉。

3 倒入低筋面粉当中，再拌入2g无铝泡打粉。

4 将红糖和温水混合均匀。

5 分次倒入面糊中，用筷子不断搅拌。

6 充分搅拌均匀。

7 倒入模具中，九分满，预留出膨胀空间。

8 冷水上锅，水开后大火继续蒸20分钟。

9 关火后就可以开吃了。

马蹄鲜虾糕

🍲 食材

鲜虾 500g｜马蹄 4个｜柠檬 1片｜
玉米淀粉 5g｜生抽 2g

把鱼虾做成肉糕，颜值高，味道好，不仅是一些地方逢年过节宴席上的常备小点，也能让咀嚼能力欠佳的小宝宝品尝鱼虾佳肴。这道马蹄虾糕，在蒸制之后再小火慢煎，把虾肉的鲜味充分释放出来。搭配上清甜爽口的马蹄，肉菜的香味交织在一起，全家人都会赞不绝口。

扫码观看视频

步骤

1 鲜虾去头尾、剥硬壳。

2 将腹、背的虾线挑出来。

3 把虾肉切成小段。

4 再细细剁泥。

5 将去皮马蹄先切成薄片。

6 再切成碎末。

7 在虾泥中挤入几滴柠檬汁去腥。

8 调入生抽和玉米淀粉。

9 拌入马蹄碎。

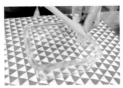

10 模具四周刷一层薄薄的植物油，方便脱模。

11 把虾泥倒入压实，抹平表面。

12 倒扣一个平盘防止水蒸气回流，冷水上锅。

13 大火烧开后转中火，继续蒸15分钟左右。

14 倒扣脱模。

15 切成等大的小长条。

16 热锅少油，放入蒸好的虾糕。

17 一面煎至微黄发焦后，翻面再煎，直至两面呈现漂亮的颜色。

小贴士

1 如果不用马蹄，也可以用香菇、洋葱、西芹等蔬菜来代替。不同的蔬菜给予不同的味觉体验，营养也会更加多样化。

2 家里有油纸的话，剪一小块油纸铺在模具底部，会更好脱模。

3 如果想让宝宝吃得味道清淡些，蒸熟就可以了。不过为了更加突出虾肉的香味，再煎一下会更可口。

4 一次吃不完的，可以密封后放入冰箱冷冻，但要在1周内吃完。

松软蛋烘糕

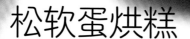食材

牛奶 110mL 中筋面粉 70g
紫薯 1个 鸡蛋 1个 酵母粉 1g

　　成都有一款名小吃，用一口精致铜锅把加了鸡蛋、甜品的发酵面糊烘熟，调入咸、甜、香、辣的馅料，油纸一包，两边一夹，便是早晨饥肠辘辘时的首选。焦香酥脆的外皮搭配柔软丰富的内馅，只吃一个完全不过瘾。

　　这道改良版的松软蛋烘糕，制作时不需要特殊工具，一口平底锅就可以完成。虽然没有外焦内嫩，但松软的口感老少咸宜，1岁左右的宝宝也完全可以嚼得动。搭配上孩子们喜欢的馅料，你也可以让孩子们的早餐变得更丰富多彩，营养也更丰富。

扫码观看视频

🍴 步骤

1 把酵母粉和牛奶（或配方奶）混合，拌匀后静置5分钟。

2 倒入中筋面粉中。

3 打入鸡蛋，拌成顺滑的糊状。

4 盖上保鲜膜，发酵至原来的1.5~2倍大。

5 紫薯去皮、切小块。

6 冷水上锅，水开后蒸12分钟。

7 在蒸好的紫薯加入牛奶（或配方奶），搅拌均匀。

8 搅拌成细腻的蓉状。

9 把发酵好的面糊用刮刀搅拌，排出发酵时产生的大气泡。

10 平底锅起小火，稍稍加热后倒入一小勺面糊，摊成小圆饼。

11 煎至表面冒泡，面糊基本凝固。

12 关火，加入紫薯馅后对折，利用锅的余温将两面煎熟。

小贴士

① 夏天的话发酵大概需要1小时。如果是做早餐，可以提前一晚准备好，放入冰箱里低温发酵，第二天一早取出时，就可以直接制作，避免等待发酵的煎熬。

② 也可以做成山药馅、红薯馅、南瓜馅、牛油果馅等，馅料随意。

③ 如果给大一点的宝宝吃，制作时可以加入一点糖或者葡萄干增加甜度，吃起来会更香甜。

银鱼粢饭糕

食材

米饭 100g ▎干银鱼 5g ▎小葱 1根 ▎
海苔碎 适量 ▎奶酪碎 适量 ▎植物油 适量

扫码观看视频

粢饭糕是老上海地道的美食。将大米或糯米饭，打松散后撒上盐，放入方形容器中压制成形，再用沸油炸至金黄，外脆内糯，鲜香可口。这道银鱼粢饭糕，用小火慢煎的方式，还在米饭中加入了银鱼和奶酪，营养和口感都兼具，银鱼和奶酪的补钙效果都很不错，绝对值得一试！

🍴 步骤

1 干银鱼提前用清水泡软。

2 小葱切成末。

3 把泡好的银鱼细细切碎。

4 把银鱼、葱花加入软米饭中，细细捣碎。

5 双手蘸少量水，取适量饭团，捏成圆饼状。

6 包入适量奶酪碎。

7 把馅料裹紧，团成长条。剩余的原料也用同样的方法进行制作。

8 热锅少油，放入饭团小火慢煎。

9 中途用筷子轻轻翻动各面。

10 小火煎至四面都微黄熟透。

11 出锅后，撒上海苔碎进行装饰。

小贴士

1 银鱼也可以用虾皮、干贝等代替。

2 葱花可以去除银鱼的腥味，不喜欢加葱的话，也可以提前将银鱼用姜葱水腌制一下再加入。

3 馅料尽量选择易熟的食材，也可以用花生酱、芝麻酱等代替。

清甜的椰浆配上润滑的银耳，再点缀些夏日水果，就是炎炎夏日的一道消暑神器。

扫码观看视频

椰汁银耳水果露

食材

椰浆 150g ┃ 芒果 1个 ┃ 干银耳 4g ┃ 冰糖 4g ┃ 清水 500g

小贴士

1　不同银耳熬煮的时间有所不同，因此加水量要把握好，一次性加足，以免水熬干时银耳还未出胶。

2　没有椰浆的话，也可以用牛奶或配方奶代替。冰糖可以根据小宝宝月龄和口味选择加或不加，以及添加的量。

步骤

1 干银耳撕碎放入清水中浸泡，饱吸水分后还原出原本水嫩洁白的模样。

2 连同浸泡银耳的清水一同倒入奶锅中。

3 大火烧开后，转小火熬煮至银耳出胶，汤汁黏稠。

4 加入椰浆（或椰汁）和冰糖，搅拌均匀后继续煮约10分钟。

5 盛起放凉。

6 芒果洗净，剖成两半。

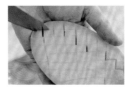

7 用刀划出网格状，切出小丁。

8 加入适量到银耳羹里，即可享用。

百合橙梨马蹄爽

食材

橙子 1个　雪梨 1个　马蹄（荸荠）3个
鲜百合 5g　冰糖 4粒

有一样食材，既可以当水果，也可以当蔬菜，在北方大家管它叫荸荠，而南方人更习惯称之为"马蹄"。马蹄口感甘甜脆爽，用来做甜汤甜品正合适。用新鲜的马蹄搭配鲜百合和雪梨、橙子，就能做一道果香浓郁的"马蹄爽"。

步骤

1 马蹄洗净，削皮切小丁。

2 倒入汤锅中，加入200g清水。

3 加入鲜百合和冰糖。

4 大火煮开后，转中火熬煮8分钟。

5 盛出备用。

6 雪梨去皮去核，切成小块。

7 取出橙子果肉。

8 把橙肉和雪梨一起倒入料理机中。

9 打成细腻的果泥。

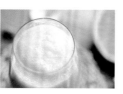

10 盛出，加入马蹄百合，即可享用。

小贴士

糖的分量请根据宝宝年龄和口味增减。

这个阶段的喂养原则是营养要全面，以保证宝宝生长需要。每一餐的热量要根据宝宝活动的规律合理分配，食物品种要多样化。一周内的食谱尽量不要重复，以保证宝宝良好的食欲。

3

18～24个月
宝宝辅食添加计划

水果软糖

食材

西瓜 1块 | 橙子 1个
吉利丁粉 26g | 细砂糖 10g

水果软糖是很多小朋友的挚爱，不过市售的水果软糖大部分都是用果胶做的，口感偏硬不说，一不小心还会发生呛到、噎到的危险，所以并不适合小宝宝。这道水果软糖的做法，用新鲜水果来做"甜品"型软糖，不仅抿一抿就能化开，给小宝宝吃很放心，原汁原味，做法非常简单，如果再用上萌萌哒的模具造型，那就更加吸引宝宝了。

使用的吉利丁粉，是动物胶原蛋白部分水解所得到的水溶性蛋白质，适合宝宝食用。

扫码观看视频

🍴 步骤

1 把西瓜切小块并挑去西瓜子。

2 倒入料理机中，打成西瓜汁。

3 用滤网过滤一遍，取100g西瓜汁备用。

4 新鲜橙子去皮、去子。

5 用料理机打成橙汁。

6 用滤网滤出100g橙汁备用。

7 把13g吉利丁粉、5g细砂糖和橙汁混合，拌匀。

8 倒入小奶锅中，小火不断搅拌至吉利丁彻底融化。

9 关火，静置放至冷却。

10 装入裱花袋里。

11 用同样的方法做好西瓜口味的软糖糖浆。

12 挤入模具中。

13 依次做好后，放入冰箱冷藏4小时以上。

14 等软糖完全凝固后，脱模即可。

小贴士

1 过滤可以让成品的口感更加细腻。

2 也可以用17g吉利丁片代替吉利丁粉，软化后加入。

3 细砂糖的量可以根据宝宝口味自行增减。

4 如果家里没有卡通模具，可以用方形的容器来装盛，做好后切小块即可。

5 脱模后的水果软糖，可以用密封罐装好，冰箱冷藏，3～4天内吃完。

舒芙蕾松饼

食材

低筋面粉 45g ｜ 鸡蛋 2个 ｜ 牛奶 20g ｜ 酸奶 20g ｜
细砂糖 35g ｜ 玉米油 10g ｜ 无铝泡打粉 3g

松饼是甜品中不可忽视的一个品类，膨松绵软的口感，因此很多人也会把松饼当作早餐。这道舒芙蕾松饼，比普通的松饼更加松软，空气感十足，绝对会成为宝宝餐桌上的新宠！

步骤

1 将蛋黄、蛋清分离，分别倒入无水、无油的搅拌碗里。

2 在装蛋黄的搅拌碗里倒入牛奶。

3 再加入玉米油和酸奶。

4 用打蛋器拌匀。

5 筛入低筋面粉和无铝泡打粉。

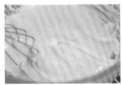

6 再次用打蛋器拌匀。

7 蛋清中先加入一半细砂糖，用电动打蛋器开始搅拌。

8 打出纹路后，再倒入剩余的细砂糖，继续搅拌。

9 直至提起打蛋器时，蛋白糊可以拉出小弯钩。

10 先取一半蛋白糊，拌入之前的面糊中。

11 采用翻拌、切拌的手法，快速拌匀。

12 倒入剩余的蛋白糊，继续用翻拌的手法拌匀。

13 不粘锅刷一层薄油，开小火。

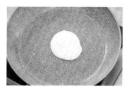

14 舀入一勺面糊，摊圆。

15 盖上盖子，煎约3分钟。

扫码观看视频

16 翻面。

17 盖上锅盖，继续煎约2分钟。

小贴士

1 盛装的搅拌碗一定要非常干净，蛋清不能混入一丝蛋黄，不然会导致打发失败。

2 其他味道清淡的色拉油也是可以的，油脂的加入既可以增加香味，也会让松饼更加膨松。加入酸奶，风味就更足了。

3 面粉一定要用低筋的，筋度足够低才会有松软的口感，另外泡打粉可以使面糊受热时快速膨胀，起到膨松剂的作用。选购时务必选择无铝泡打粉。若不用泡打粉，做出来的松饼就是普通口感的松饼了。

4 搅拌时不要打圈搅拌，避免打发好的蛋白消泡。

5 煎的时候要全程小火，避免底部焦掉。

6 出锅后，可以撒一层糖粉作为装饰，或者淋上枫糖浆或者蜂蜜。

虾皮胡萝卜饼

🍲 食材

饺子皮 12张 ▎ 虾皮 15g ▎ 胡萝卜 20g

饺子皮 除了可以做成饺子之外，还可以做成快手小饼。省去了擀面的繁琐，还能做出类似"千层"的效果，配上宝宝喜欢的馅，很轻松就能完成一顿早餐。

这道虾皮胡萝卜饼，利用虾皮本身的鲜香来调味，营养健康，外形特别像蜗牛壳，咬开后层次丰富，实在太诱人了。

🍴 步骤

1 将虾皮放入温水中浸泡。

2 捞出后剁碎。

3 将胡萝卜擦丝。

4 案板撒一点面粉，把饺子皮擀薄。

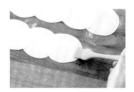

5 把四个饺子皮码成一排，在边缘蘸水后黏合。

6 刷一层薄油（玉米油或菜子油等植物油）。

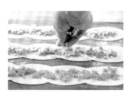

7 把胡萝卜蓉和虾皮碎均匀铺上。

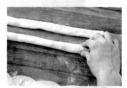

8 卷起。

9 卷成蜗牛形状，边缘沾点水贴合。

10 轻轻压扁。

11 热锅少油，放入小饼，小火慢煎。

12 煎至一面金黄后，翻面再煎，直到两面金黄，即可出锅。

小贴士

1 如果想做成薄饼，可以用力充分按扁。

2 尽量用小火煎熟，注意别煎煳。

西葫芦蛋饼

🍳 食材

西葫芦 1个 ▏猪前腿肉 100g ▏中筋面粉 20g ▏
鸡蛋 1个 ▏盐 2g ▏生抽 1g ▏小葱 1根

西葫芦是夏季常见的瓜类，口感比丝瓜更为脆嫩，无论煎炒煮还是凉拌，味道都不错。西葫芦本身味道清淡，和许多食材都很搭配。这款西葫芦蛋饼，用猪前腿肉做馅，裹上蛋液和面粉，上锅简单煎制，轻轻松松就能做出全家人都喜欢的可口小饼。

🍴 步骤

1 西葫芦洗净、去蒂，切成1cm左右的厚片。

2 用小勺挖去瓤。

3 加入盐，腌制10分钟左右。

4 小葱切成末。

5 猪前腿肉切片后剁成肉糜。

6 加入生抽和适量葱花，抓匀腌制一会儿。

7 鸡蛋打散。

8 在西葫芦中间填入适量肉馅。

9 让西葫芦两面均匀沾上面粉。

10 热锅少油，将西葫芦在蛋液中蘸一下，放入锅中。

11 小火煎至底部微黄后，翻面继续煎制。

12 煎至两面金黄后，即可出锅。

小贴士

1 将西葫芦用少许盐腌制，一方面可以更加入味，另一方面可以使西葫芦中的水分充分析出。

2 尽量选择三分肥七分瘦的猪前腿肉，口感会更加嫩滑。

3 葱花也可以用姜末，或者姜葱水温水代替。

芝香柿饼

🍴 食材

柿子 1个 | 中筋面粉 100g
白芝麻 适量 | 植物油 适量

深秋的柿子，在一片萧瑟的
秋风中依然红彤彤的惹人喜爱。甘
甜饱满的柿肉不仅生吃可口，风干
后做成果脯，更加别有风味。这道
芝香柿饼是源于陕西西安街头的一
道小吃，用柿子泥和面粉和成黄澄
澄的"柿子面"，撒上芝麻小火慢
煎，就能做出美味的"柿饼"，绵
甜香软，超级好吃！

步骤

1 柿子洗净切半，挖出柿肉。

2 倒入料理机中，搅打成细腻的柿子泥。

3 取柿子泥备用。

4 倒入中筋面粉（普通面粉）中，用筷子拌匀。

5 再手揉至面团光滑。

6 搓长条后切成等大的小剂子。

7 搓圆压扁。

8 沾适量白芝麻，依次做好剩余的。

9 不粘锅热锅少油，放入小饼。

10 小火煎至底部微黄后，翻面继续煎。

11 直至两面微黄，即可出锅。

小贴士

1 未成熟的柿子鞣酸含量高，吃起来会比较涩口，宜在放软后食用。

2 如果没有料理机，就用杵臼充分捣碎。

3 如果揉面时太干了揉不动，可以多加一点柿子泥，反之再加一点面粉继续揉。

4 小饼尽量压扁一些，方便煎熟。

香酥盘丝饼

🍲 食材

中筋面粉 200g ▮ 清水 110g ▮
盐 1g ▮ 植物油 适量

　　盘丝饼极为松软的质地类似千层饼，但又比千层饼多了一份脆劲。传统的做法是要把面揎到极细，盘成圆饼形烙熟，然后拉散放入盘中，酥脆松香，老人、小孩都特别爱吃。这道改良版香酥盘丝饼，在家就可以轻松做，制作时，不需要繁复的食材准备过程，还可以根据宝宝的口味做成甜口或者咸口的。

🍳 步骤

1 在清水中加入盐，用勺子拌匀。

2 把盐水缓缓倒入中筋面粉里，边倒入边搅拌。

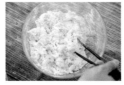

3 搅拌面粉成絮状。

4 揉成光滑面团，盖上保鲜膜，醒发15分钟，让面团得到松弛。

5 将面团切成四等份。

6 案板上撒一层面粉防粘，把小剂子搓圆。

7 擀成薄薄的长方形。

8 刷上薄薄一层植物油。

9 用刀切成细条，注意两端不要切断。

10 从下往上，把面条叠起来。

11 刷薄薄的一层油。

12 由两端同时往中间卷起来。

13 一上一下叠在一起。

14 按压成薄薄的小饼，依次做好剩余的。

15 热锅少油，起小火，放入饼开始煎。

16 底部变得金黄后，翻面继续煎，直至两面金黄后取出。

小贴士

1 水尽量用温水，做出来口感会更宣软一些。如果宝宝还小，可以省去加盐的步骤。另外，喜欢吃甜口的可以加一点糖。

2 如果想当做早餐，可以提前一个晚上准备好小饼，盖上保鲜膜防止水分流失，放入冰箱冷藏，第二天直接下锅煎熟即可。

3 可以根据个人口味增加果干、虾皮、葱花等切碎的食材，营养和口感也会更加丰富。

番茄虾皮打卤面

食材

面条 120g ▎虾皮 20g ▎番茄 2个 ▎
鸡蛋 2个 ▎小油菜 2棵

一碗打卤面，面条可宽、可窄，浇头可荤、可素，各地都有不同的做法，面上码什么全凭喜好，每碗打卤面都有属于自己的独特味道，这一碗看似平凡的家常菜，温暖却又熟悉。这碗番茄虾皮打卤面，酸酸甜甜，清爽鲜香。

扫码观看视频

步骤

1 虾皮用清水浸泡片刻，滤去杂质。

2 番茄用开水烫一烫，表皮变软后撕下番茄皮。

3 切成小丁。

4 鸡蛋打散。

5 虾皮沥干待用。

6 热锅少油，倒入蛋液翻炒。

7 炒散成蛋花后，盛起备用。

8 再次热锅少油，倒入番茄丁翻炒。

9 加入虾皮一起翻炒。

10 待番茄出汁后，倒入蛋花。

11 加入适量清水，没过食材。

12 加盖，小火焖煮约6分钟后关火。

13 煮一锅开水，加入面条。

14 煮约8分钟后捞起。

15 烫两棵小油菜。

16 把煮好的食材铺到面上，筷子拌一拌，即可。

麻酱鸡丝凉面

🍲 食材

面条 100g ┃ 鸡胸肉 80g ┃ 黄瓜 60g ┃ 鸡蛋 1个 ┃ 芝麻酱 20g ┃
温水 10g ┃ 生抽 3g ┃ 植物油 适量 ┃ 小葱 1根 ┃ 生姜 1片 ┃ 盐 1g

鸡丝凉面 鲜香可口，四川人做的鸡丝凉面最地道。鸡丝、面条、黄瓜丝是必备，豆芽、蒜瓣、姜丝、面筋随意。炎热的天气里拌上一碗，清凉爽口，孩子和家人都能吃得特别舒畅。配料里，香气浓郁的麻酱最适合小宝宝的肠胃，麻酱里的芝麻成分还有补钙和润肠通便的作用。

🍳 步骤

1 将鸡胸肉冷水入锅，加入葱结、生姜片，煮至熟透。

2 捞起控干多余水分，放至温热。

3 顺着纹理将鸡肉手撕成小段。

4 黄瓜洗净削皮，切成丝。

5 在蛋液中加入盐，打散备用。

6 平底锅热锅少油，将鸡蛋摊成蛋饼。

7 稍稍放凉后对折后切细丝。

8 将生抽倒入芝麻酱中，再倒入温水，搅拌均匀。

扫码观看视频

9 水烧至即将沸腾时，放入面条，大火煮开后转中火煮6分钟左右。

10 过冷水冲凉后沥干。

11 铺上黄瓜丝、鸡肉丝、蛋皮丝。

12 加入适量麻酱，拌匀后即可。

小贴士

1 当用筷子插入鸡胸肉没有血水流出、肉质变得松散，说明鸡胸肉熟了。

2 如果想要面条的口感更加劲道，可以捞出后过凉水。

3 建议使用细乌冬面，口感最好。如果用挂面，煮的时候挑一根尝下，刚好断芯即可捞起。

4 喜欢口感味道更丰富的，可以拌入炒好的肉酱、花生碎和豆芽等。

茄酱蛋包饭

🍳食材

虾仁6个 | 鸡蛋2个 | 番茄1个 | 白米饭1碗 |
玉米粒30g | 胡萝卜20g | 玉米淀粉5g | 盐2g

扫码观看视频

蛋包饭的魔力在于你不知道柔软、金黄的蛋皮底下，藏着怎样的美味。用勺子在蛋皮中间轻轻挖出一道小口子，看着喷香的米饭混杂着各种食材的香气，热腾腾的往嘴边送，这才是一天中最有满足感的幸福时刻。

这道经典料理不到半小时就能轻松完成，对于吃惯了白米饭的小宝宝来说，这将是一份崭新的味蕾体验，平时宝宝不太爱吃的食材也都可以裹进蛋包饭里试试。

步骤

1 在番茄顶部划"十"字，放入开水中浸泡片刻。

2 把皮轻轻揭下。

3 切成小丁。

4 胡萝卜切丁。

5 热锅少油，倒入番茄丁、玉米粒和胡萝卜丁一起翻炒约3分钟。

6 番茄出汁后，倒入虾仁继续翻炒，这时候已经可以闻到各种食材混合在一起的香味了。

7 炒到虾仁变白，加入一碗白米饭。

8 炒匀后加入少许盐调味，盛起备用。

9 鸡蛋打散，加入淀粉。

10 滤去杂质和气泡。

11 热锅少油，倒入蛋液。

12 中小火煎至蛋液凝固。

13 加入炒饭。

14 在锅边用勺子涂一点蛋液，便于封口。

15 轻轻卷起一边，盖住另一半，边缘用勺子压实。

16 一手把锅，一手端起平盘，把蛋包饭倒扣到盘子里。

17 淋少许番茄酱，即可。

小贴士

1 要把蛋皮煎好除了火要小、锅要好之外，蛋液里最好加一点淀粉，这样蛋皮就不容易煎破。

2 将蛋液用滤网过滤，煎出来的蛋皮会更加匀称漂亮。

3 炒饭不一定要全部放入，具体要看蛋皮的大小，放入的量最好能被蛋皮刚好包裹住。

宝宝版扬州炒饭

🥄 食材

剩米饭 1小碗 | 鸡蛋 2个 | 虾仁 6个
杂蔬菜丁 50g | 盐 2g

扫码观看视频

🍴 步骤

1 鸡蛋打散。

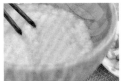

2 把蛋液倒入米饭中，拌匀，让每一粒饭粒均匀地裹上蛋液。

3 将虾仁切成小丁。

4 把准备好的杂蔬丁放入开水中焯一下（约1分钟）。通常我会用青豆、胡萝卜粒和玉米粒。

5 捞起，沥干备用。

6 热锅倒油，油热后倒入拌好蛋液的米饭。

7 翻炒至包裹着饭粒的蛋液凝固，加入蔬菜丁。

8 加入虾仁丁，继续翻炒约3分钟。

9 出锅前加少许盐调味，就可以开吃啦！

扬州炒饭到底是什么样的？炒饭时放腊肠叫腊肠炒饭；放虾仁叫虾仁炒饭；放滑蛋叫滑蛋炒饭；加入很多食材的就是扬州炒饭了。对于宝宝来说，怎样把炒饭做得好吃又健康，营养全面才是最重要的。

小贴士

1　鸡蛋的用量根据米饭情况来定，喜欢蛋味浓的可以多加，反之少加。

2　一碗好的炒饭要确保每一粒饭上都包有蛋液，这样炒出来的米饭才够香够好看。最好用剩米。

3　隔夜的米饭炒饭时米粒表面就会干爽很多。

4　通常扬州炒饭会搭配上火腿粒，给宝宝吃最好换虾仁粒。也可以用午餐肉，或者牛肉肠。

干煎土豆鸡丁

🍳 食材

土豆 300g ▎鸡胸肉 200g ▎蛋清 1个 ▎淀粉 3g ▎细砂糖 3g
老抽 2g ▎盐 2g ▎植物油 适量 ▎葱花 适量

扫码观看视频

🍚 步骤

1 鸡胸肉洗净，先切片，再切成小粒。

2 加入蛋清、淀粉和盐，抓匀后腌制约15分钟。

3 土豆削皮后切成和鸡胸肉大小相近的小丁。

4 放入清水中浸泡约10分钟后，冲洗掉表面的淀粉后，沥干备用。

5 热锅少油，把土豆丁铺平底部，小火慢煎，煎至土豆表面微黄。

6 转中火，加入鸡胸肉，翻炒至肉粒变白。

7 调入老抽和细砂糖，继续翻炒约1分钟。

8 出锅前撒上葱花，即可。

鸡胸肉 优质的蛋白质组成和较低的脂肪含量，不仅深受健身人士的喜爱，同时也非常适合小朋友们。不过，正因为鸡胸肉的脂肪含量不高，想要把鸡胸肉做得软嫩不柴，就必须在烹饪上加一些小技巧。

小贴士

1 蛋清和淀粉都能起到让鸡胸肉嫩滑的作用。淀粉可以用土豆淀粉、玉米淀粉、豌豆淀粉，但不建议用红薯淀粉、木薯淀粉等。

2 土豆浸泡后再煎，不仅口感会更脆，同时还能防止粘锅。

3 老抽和糖可以让食材色泽更加诱人，也可以不加。

反转肉松寿司卷

🍳 食材

熟米饭 250g ┃ 鸡蛋 2个 ┃ 海苔 1片 ┃ 黄瓜 半根 ┃
胡萝卜 半根 ┃ 沙拉酱 适量 ┃ 肉松 适量 ┃ 植物油 适量

反转肉松寿司卷 简单易做、营养均衡。把蔬菜和蛋皮裹入包着紫菜的饭团当中，外面再搭配沙拉酱和肉松，不仅口感层次丰富，造型美观又诱人。

🍲 步骤

1 鸡蛋打散。

2 平底锅热锅刷油，倒入蛋液。

3 小火煎至底部彻底凝固。

4 取出后切成小长条。

5 胡萝卜半根，削皮后切成细长条。

6 黄瓜半根，削皮后切成细长条。

7 烧一锅水，水开后倒入胡萝卜，焯约5分钟。

8 沥干备用。

9 准备好寿司帘，在上面铺一张保鲜膜。

10 把250g熟米饭均匀地铺在上面。

11 盖上一张海苔片。

12 在一端放入适量蛋皮、胡萝卜条和黄瓜条。

13 再加入适量肉松和沙拉酱。

14 把寿司帘连同保鲜膜一起，把饭团卷成圆柱形。

15 压实后，揭下保鲜膜。

16 在表面刷适量沙拉酱。

17 再均匀地裹上肉松。

18 切小块后即可。

柠檬鸡块

鸡胸肉 肉质细嫩，蛋白质含量丰富，且营养易吸收。不过想要把鸡胸肉做好吃，难度可比鸡翅、鸡腿要高得多。这道柠檬鸡块，用柠檬来给口味平平的鸡胸肉"增色添彩"，酸甜可口的酱汁和麦香浓郁的面粉面糠一同为鸡胸肉打造了秀色可餐的"外表"，虽然没有炸鸡块的外焦里嫩，但独特的口感一定会赢得孩子们的喜爱。

扫码观看视频

🍱 食材

鸡胸肉 2块 ▎中筋面粉 50g ▎面包糠 30g ▎柠檬 1个 ▎蛋清 1个 ▎玉米淀粉 17g ▎
姜丝 2g ▎生抽 2g ▎细砂糖 2g ▎盐 1g ▎白芝麻 适量 ▎香菜末 适量

🍲 步骤

1 鸡胸肉洗净、切小块。

2 加入蛋清和盐。

3 加入姜丝，抓匀后稍微腌制下去腥。

4 柠檬切半，把柠檬汁挤入搅拌碗里。

5 调入生抽、细砂糖和玉米淀粉，加入清水，拌匀。

6 将面包糠和中筋面粉（普通面粉）混合，加入玉米淀粉。

7 用筷子搅拌均匀。

8 把腌制好的鸡胸肉均匀裹上面粉。

9 平底锅热锅少油，放入鸡胸肉，中小火煎至底部变色后翻面。

10 煎至两面金黄。

11 倒入调好的酱汁。

12 转大火收汁。

13 出锅前撒上熟白芝麻和香菜末，即可。

小贴士 🥄

1 蛋清可以让鸡胸肉更加嫩滑。
2 收汁时要逐个给鸡块翻面，让酱汁的香气尽可能被鸡块吸收。

饺子蛋挞

食材

饺子皮 12片 ▎鸡蛋 2个 ▎淡奶油 200g ▎
细砂糖 20g ▎植物油 适量

扫码观看视频

步骤

1 将鸡蛋打散。

2 加入200g淡奶油和20g细砂糖，继续用打蛋器拌匀。

3 用筛网滤一遍，口感会更加细腻。

4 将烤箱预热至200℃，不同烤箱预热时间不一样，一般为5～15分钟。

5 在模具底部刷上薄油，方便脱模。

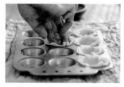

6 把饺子皮逐个在模具里摆好。

7 倒入面糊。

8 将烤盘放进烤箱中层，上、下火烤约15分钟。

蛋挞 奶香浓郁、软嫩香滑的内馅，是让很多人钟爱蛋挞的原因。这道饺子蛋挞，利用家里剩下的饺子皮，搭配上鸡蛋、淡奶油等，烤15分钟左右，就可以尝到美味香嫩的蛋挞了。

小贴士

1 尽量用打蛋器而不是筷子，才能更好地让食材融合在一起。

2 每一个烤箱都会有温差存在，记得事先用温度计调整好温差，烤制时随时观察，均匀上色了即可出炉。

菌菇蒸鸡肉

食材

大鸡腿 2个 ｜ 蟹味菇 100g
玉米淀粉 5g ｜ 植物油 3g
老抽 2g ｜ 细砂糖（可选）2g
生姜丝 2g ｜ 盐 1g

步骤

1 把洗净的大鸡腿沿跟腱剪开，取出鸡腿骨。

2 把鸡肉切小块。

3 加入玉米淀粉、生姜丝、老抽、盐、细砂糖，抓匀腌制一会儿。

4 在洗净的蟹味菇中倒入植物油，同样抓匀备用。

5 把鸡腿肉码在蟹味菇上。

6 冷水上锅，水开后大火继续蒸20分钟。

7 揭盖，即可食用。

扫码观看视频

蒸 这种烹饪方式不仅简单，还可以最大限度地保留食材的鲜美，让孩子和家人尝到食物的本真。这道菌菇蒸鸡肉，蟹味菇的鲜味因子在缓慢的加热过程中慢慢释放，被鲜嫩的鸡腿肉饱吸之后，鲜味也会更加浓郁。

小贴士

1 鸡腿肉肉质软嫩，很适合用来清蒸。

2 可加入2g细砂糖调味。

3 蟹味菇也可用其他适合清蒸的菌菇代替，比如金针菇、虫草花等。

豌豆苗片儿汤

🍲 食材

中筋面粉 100g ┃ 豌豆苗 80g ┃ 番茄 1个 ┃ 鸡蛋 1个 ┃
虾皮 6g ┃ 油 20g ┃ 冷水 50g ┃ 温水 600g

～～
春季草长莺飞，万物复苏，各个果蔬地
迎来了播种、育苗的好时节。这其中□□□□
苗长势格外喜人。这种以豌豆的幼嫩□□□
为食材的绿叶菜，颜色青翠欲滴，仿佛□□□
能滴出水来，是应季的美味食材。这道豌豆□
儿汤，简单"勾勒"的面片儿搭配上鲜嫩的豌豆
苗，再加上酸甜的番茄和炒鸡蛋，鲜香味美
～～

1 把清水倒入中筋面粉中。

2 搅拌成絮状。

3 揉成光滑不粘手的面团，盖上保鲜膜，室温醒发20分钟。

4 在番茄底部划"十"字。

5 开水中浸泡片刻，让外皮烫软。

6 撕去番茄皮后切丁备用。

7 将鸡蛋打入搅拌碗中，加入虾皮后搅拌均匀。

8 豌豆苗择去硬茎和老叶，在开水中焯约10秒。

9 捞起，稍微沥干后待用。

10 把醒好的面团压成圆饼。

11 擀成3毫米左右的薄片，切成小长条。

12 揪成适口的小面皮。

13 撒点面粉，防止相互粘连。

14 热锅少油，把蛋液快速打散开，炒熟后盛起备用。

15 重新热锅，加一点油。

16 倒入番茄丁，翻炒出汁。

17 倒入600g左右的温水，中火煮开。

18 加入面皮。

19 拌匀后中火继续煮10分钟。

20 把豌豆苗和鸡蛋加入，调入盐后拌匀，关火盛出。

小贴士

有了虾皮的加入，盐的分量可以根据宝宝月龄自行决定是否加。

三鲜锅贴

食材

饺子皮 20张 ▌猪前腿肉 100g ▌马蹄 6个 ▌干木耳 4g ▌
鸡蛋 1个 ▌小葱 1根 ▌生抽 2g ▌盐 1g

想要吃点带馅的面食又懒得包饺子、烙馅饼的时候，锅贴总是最方便的选择。面皮上搁点喜欢的馅料，两指轻轻一捏，往锅里一放，不一会儿就能尝到外焦里嫩的美味锅贴了。咬上一口，一半焦脆，一半柔韧，汁水丰腴，别提有多香了！

扫码观看视频

🍲 步骤

1 将干木耳放入清水中泡发。

2 将前腿肉切小片。

3 剁成肉糜。

4 将小葱切成末。

5 马蹄去皮后切成小丁。

6 干木耳泡发后切成碎丁。

7 把以上食材倒入搅拌碗里。

8 打入一个鸡蛋，调入盐和生抽。

9 顺着一个方向搅拌至上劲。

10 取一张饺子皮，铺上适量肉馅。

11 在捏口处抹上少许清水。

12 两边捏紧，露出两端不封口。依次做好剩余的锅贴。

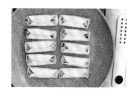

13 热锅少油，放入锅贴，中小火煎至底部变得金黄。

14 注入适量清水，没过锅底。

15 盖上盖子，转小火焖至水分收干。

16 收汁后，即可出锅。

小贴士

1 肉馅的选择可以根据宝宝的喜好来调整，比如喜欢吃牛肉馅或者虾馅的，可以换成相应的食材。

2 不加葱花的或者一点腥味都不能接受的，可以用姜葱水腌制去腥。

3 加水焖煎可以确保馅料熟透，也不至于底部煎得过焦黄，柔软的口感也会更适合小宝宝咀嚼。

茄汁焖大虾

🍲 食材

鲜虾 300g
蒜末 2瓣
番茄酱 15g
细砂糖 8g
生姜丝 2g
醋 2g 盐 2g

小贴士

做这道菜不要把虾壳去掉，连壳一起炒，肉不会轻易炒老，吃起来会更加鲜嫩多汁。

酸甜的番茄可以和许多食材完美地搭配在一起，这道茄汁焖大虾同样简单快手，吸满酸甜酱汁的鲜虾连壳都透着浓郁的香味，光闻着就能让人食欲大开。

扫码观看视频

🍴 步骤

1 鲜虾洗净，去须，沿背部剪开。

2 挑出虾线。

3 加入生姜丝和盐，腌制15分钟左右去腥。

4 热锅少油，倒入切好的蒜末炒香。

5 再加入鲜虾，中火翻炒至虾肉基本变红。

6 盛起备用。

7 重新热锅少油，倒入番茄酱、细砂糖和醋，翻炒均匀。

8 再倒入虾。

9 继续翻炒2分钟左右，至虾肉均匀裹上酱汁，即可出锅。

菠萝奶布丁

食材

牛奶 500g｜菠萝 200g｜细砂糖 15g
吉利丁片 3片（15g）

这款菠萝布丁奶颜值高，做法简单，几个步骤就能全部搞定，不用鸡蛋，也不需要烤箱或者蒸锅，菠萝的酸甜加上细腻滑嫩的布丁，一口下去，甜而不腻，香味浓郁，清爽解暑！

扫码观看视频

步骤

1 把吉利丁片放入清水中泡软。

2 在汤锅中倒入牛奶和细砂糖，开小火煮至细砂糖融化。

3 离火，加入软化好的吉利丁片，拌匀。

4 倒入杯中，放入冰箱冷藏至凝固。

5 菠萝肉切小块。

6 用料理机搅打细腻。

7 倒入凝固好的布丁杯中，就可以享用啦！

小贴士

1 浸泡吉利丁片的时间不能太长，泡软即可。

2 糖的分量请根据宝宝年龄和口感调整。

3 注意吉利丁加热温度不要超过50～60℃，若加热温度过高，会影响吉利丁的凝结效果，而且还可能产生腥味影响口感。另外，吉利丁片也可以用10g吉利丁粉（无需事先泡水）代替。

4 冷藏时间大约需要2小时。

5 菠萝也可以用其他水果代替。

南瓜吐司布丁

🍲 食材

牛奶 250g ▎南瓜 80g ▎吐司 3片 ▎
鸡蛋 2个 ▎糖粉 适量

吐司手撕有更美妙的吃法。
把吐司丁和鸡蛋、牛奶、南瓜组合
在一起，做一道既能尝到布丁的嫩
滑口感，又有吐司香脆味道的独特
美食。趁着周末慵懒的早晨，做一
份给全家人尝尝吧！

🍴 步骤

1 南瓜洗净、去皮。

2 切成小块。

3 上蒸锅蒸15分钟。

4 把蒸熟的南瓜倒入搅拌碗里。

5 吐司切成十六宫格。

6 装入陶瓷烤盘或其他耐高温的容器里。

7 鸡蛋打散备用。

8 将蒸好、放凉的南瓜和牛奶倒入料理机中。

9 搅拌细腻。

10 倒入蛋液里，拌匀。

11 淋入吐司丁里，让吐司充分吸收蛋奶液。

12 放入预热到180℃的烤箱中层，上、下火烘烤20~25分钟，烤至表面凝固，呈现漂亮的金黄色。

13 在表面撒一层薄薄的糖粉装饰，趁热食用。

小贴士

1 因为食材中没有糖，所以南瓜要买甜糯一些的，才能保证口感。

2 如果没有料理机，也可以用打蛋器充分拌匀后，过筛一两次，得到细腻的蛋奶液。吐司切得尽量小块一些，方便浸入蛋奶液。

3 也可以用微波炉，先高火加热1分钟，看看成品状态，再根据需要加热一下，再观察一下，加热至布丁凝固即可。

4 也可以加入燕麦、果仁、坚果等，味道、口感会更丰富，也会更有营养。

3 18～24个月宝宝辅食添加计划　129

水果面包布丁

🍲 食材

吐司 1个 | 鸡蛋 2个 | 牛奶 150g | 淡味黄油 10g |
细砂糖 5g | 草莓、蓝莓 各适量 | 糖粉 适量

当吐司和布丁相遇时，会碰撞出什么样的火花呢？这道简单又有颜值的美食，绝对能让小朋友们喜爱。普普通通的吐司经过布丁液的浸润后，刷上黄油烤一烤，口感瞬间就提升了好几个层次，而且不容易失手，烘焙小白也能轻松搞定。

🍴 步骤

1 将吐司切成厚块。

2 放入碗中备用。

3 鸡蛋打散。

4 加入牛奶和细砂糖。

5 把混合液倒入土司中。

6 盖上保鲜膜，浸泡半小时左右，让吐司充分吸收蛋液。

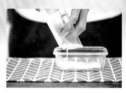
7 泡好后倒出多余的混合液。

8 在表面刷上少许黄油。

9 放入预热到190℃的烤箱中层，上、下火烤约20分钟。

10 用洗净切好的草莓、蓝莓等新鲜水果做装饰。

11 再撒上一层糖粉做装饰，就可以享用啦！

小贴士

1 将吐司尽量切厚一些，成品会更加诱人。

2 糖的分量可以根据宝宝年龄和口味适当调整。

3 中途可以将吐司翻转一下，让上层的吐司也能吸收布丁液。

4 注意不同烤箱的烘烤温度或多或少都有误差，最好用温度计提前测量调整好误差再烘烤。观察到表面微微上色，即可出炉。

扫码观看视频

芋泥三明治

🍲 食材

吐司 2片 ▎芋头 150g ▎牛奶 40g ▎
无盐黄油 5g ▎细砂糖 5g ▎肉松 适量

把芋头蒸熟捣成泥，再加入牛奶、淡奶油、糖等食材，那种香浓丝滑的口感绝对会让你感到惊艳。在慵懒的早晨，在煎得香脆的土司上面挖上一大勺超厚鲜奶芋泥，配上肉松，既简单又美味，全家人都会超级喜欢！

扫码观看视频

🍴 步骤

1 芋头洗净、去皮，切成小块。

2 冷水上锅，水开后继续大火蒸约15分钟。

3 倒入料理机中，加入牛奶和细砂糖，搅打细腻。

4 在平底锅里放入一小块无盐黄油，小火化开。

5 放入吐司，小火煎至底部微黄。翻面，继续煎至两面微黄酥脆。

6 在两片吐司上抹上芋泥。加点肉松。

7 把两片吐司带馅的一面合上，轻轻压实。

8 切成小块，即可。

小贴士

1 芋头可以用荔浦芋头（香芋）、芋艿等。如果使用较大的荔浦芋头，就要尽量切成小块，便于蒸熟。

2 生芋头的汁液里会有让人尝了舌头发麻的物质，因此要彻底蒸熟。如果削皮时手发痒，可以蒸熟后再剥皮。

3 牛奶可以用配方奶、清水等代替。糖的分量根据个人口味和宝宝年龄调整即可。如果是给大孩子吃，还可以再加一点淡奶油、黄油等。

4 如果没有料理机，也可以用勺子趁热按压搅拌好芋头后加入牛奶，尽量拌至芋泥细腻均匀。

5 如果想要芋泥呈现更漂亮的淡紫色，可以在蒸的时候加一个小紫薯，然后一起打成泥。

6 黄油的奶香味可以让吐司吃起来更香浓，没有的话可以用普通植物油代替。

7 煎土司的步骤也可以用微波炉、烤箱等代替。

早餐燕麦杯

🍴 食材

香蕉 1根 酸奶 150g 快熟燕麦 100g
枫糖浆 50g 植物油 适量 水果块 适量

燕麦、酸奶、水果这三种食材的搭配对于一顿营养均衡又可口开胃的早餐而言，自然是很不错的选择。这道早餐燕麦杯，把传统的燕麦粥改良成了麦香浓郁的燕麦杯，简单几步就能变出讨巧的造型，再加上水果粒的点缀，绝对会让小朋友的早餐变得丰富多彩起来！

扫码观看视频

🍴 步骤

1 香蕉切成小段。

2 捣碎。

3 加入枫糖浆。

4 加入快熟燕麦。

5 用小勺拌匀。

6 在模具底部和四周刷一层薄油，方便脱模。

7 舀入燕麦糊，中间位置留空，做成杯子的形状。

8 放入提前预热到170℃的烤箱中层，上、下火烘烤20～25分钟。

9 出炉后稍稍放凉，把燕麦杯拿出来。

10 倒入黏稠的酸奶。

11 点缀上水果粒，即可享用。

小贴士

1 枫糖浆也可以用蜂蜜代替。

2 燕麦的种类有很多，快熟燕麦也可以用传统燕麦代替，但烘烤的时间需稍微长一点。

熔岩西多士

🍳 食材

牛奶 150g▐面粉 25g▐奶酪 20g
无盐黄油 15g▐细砂糖 8g▐吐司 2片

扫码观看视频

🍴 步骤

1 小火热锅，放入无盐黄油，化开。

2 把面粉分两次加入，每次加入后充分拌匀，让面粉充分吸收黄油。

3 倒入牛奶。

4 小火继续煮至面糊变得浓稠、没有面疙瘩的状态。

5 加入细砂糖，搅拌均匀。

6 关火，加入奶酪。

7 利用余温拌至奶酪完全融化。

8 在吐司片上抹上适量馅料。

9 放入提前预热到200℃的烤箱中层，上、下火烘烤8～10分钟。

这道 超级有诱惑力的西多士，牛奶、奶酪、黄油在烘烤中相互交融，刚出炉老远就能闻到浓郁的香味。一口咬下，感受如布丁般的滑嫩表皮，让人一试难忘！

小贴士

1 面粉用高中低筋面粉的任意一种都行。

2 烘烤时注意观察表面上色情况，均匀上色即可出炉。也可以用微波炉来做，不过时间要把控好，不要加热太长时间。

手撕茄子

🏷 食材

茄子 1根 蒜 3瓣 盐 1g 生抽 2g
温开水 60g 香菜 1根 小葱 1根

扫码观看视频

🍴 步骤

1 洗净后的茄子切成
3~4小段。

2 冷水上锅，大火蒸
10~15分钟，至茄子软
烂熟透。

3 放至温热，用手撕成
条状。

4 把蒜瓣拍扁后切成
蒜末。

5 将香菜、小葱切末。

6 热锅少油，倒入蒜末
炒香。

7 把蒜末和香菜末、葱花
混合。

8 加入生抽、盐、温开
水，拌匀，调好酱汁。

9 淋入酱汁，即可。

茄子是夏日里常见的时令食材，因为本身的味道并不强烈，又特别能吸油和调料，怎么做都好吃。茄子最大的营养价值来自于紫茄子上那层布满花青素的外皮，所以入菜前不要去掉。虽然茄子做法很多，但如果想要做得最健康、营养成分保留得最多，凉拌茄子应该是个好的选择。

小贴士

1 感觉快蒸好时拿筷子戳一下，能轻松戳进茄子就代表熟了。
2 酱汁的调配可根据个人的口感调整调味料的使用量，小朋友吃的话就尽量减少调味的材料，清淡为宜。

银耳水果椰奶羹

🍽 食材

银耳 4g ▏椰奶 100g ▏火龙果 20g
冰糖 8g ▏清水 700g

春夏之交气候干燥，身体急需补水，平常在家总免不了煲点汤汤水水，宽慰一下饱受折磨的肌肤和喉舌。这道看着就让人唇齿生津的椰奶羹，加入了胶质满满的银耳，以及带着水果甜香的火龙果，颜值颇高，浓滑香甜，清凉解暑，在这个季节喝最合适不过了。

🍲 步骤

1 将银耳撕成小片，加入清水中进行泡发。

2 泡发至耳片膨胀，颜色变得洁白。

3 将银耳连同清水一起倒入汤锅中，水开后转中小火。

4 保持微沸状态，煮至银耳出胶、汤汁浓郁。

5 火龙果切成小丁备用。

6 将椰奶和8g冰糖加入。

7 煮至冰糖彻底融化后关火。

8 把切好的火龙果丁倒入，拌匀。

小贴士

1 不同品质银耳熬煮出胶的时间不同，记得不时搅拌和调整火候，避免溢锅。

2 椰奶也可以用牛奶代替，冰糖的用量请根据宝宝年龄和口味适当调整。

扫码观看视频

蒜香吐司条

食材

吐司 3片　小葱 2根　无盐黄油 15g
蒜 2瓣　盐 1g

扫码观看视频

这道蒜香吐司条，做法简单、快捷，咸香酥脆的口感更是让人欲罢不能。

步骤

1 把吐司切成四等份。

2 在烤盘上铺油纸，把吐司条摆放齐整。

3 无盐黄油用隔水加热法化开。

4 蒜切末。

5 葱切末。

6 把蒜末和葱花倒入化黄油中，调入盐，充分拌匀，调成酱料。

7 在吐司条上均匀抹上酱料。

8 放入提前预热到180℃的烤箱中层，上、下火烤10～12分钟。

小贴士

① 如果喜欢吃较硬、较脆的口感，可以只用吐司边，中间柔软的部分可以做成三明治。

② 如果用微波炉进行加热，就先用中火加热2～3分钟，取出看一下状态，继续放入用中火加热2～3分钟，直到吐司边缘微微上色，变酥脆即可。

糖醋鸡柳

🍲 食材

鸡蛋 1个 ┃鸡胸肉 200g ┃番茄酱 20g ┃玉米淀粉 3g ┃细砂糖 3g ┃
陈醋 3g ┃生姜丝 2g ┃盐 1g ┃面粉 适量 ┃熟芝麻 适量 ┃清水 100g

记得上大学时，有一段时间特别喜欢吃校门口一家炸鸡店做的炸鸡柳，炸得金黄焦脆的鸡柳一放进嘴里，那酥脆的口感让人心都要化了。不过炸鸡柳和其他油炸食品一样，虽然好吃但不健康，不太适合给孩子食用。最近忽然很怀念这道小吃，于是捣鼓了一版少油的做法，配上酸酸甜甜的番茄酱，非常开胃。

扫码观看视频

步骤

1 鸡胸肉洗净，切成约食指大小的肉条。

2 加入生姜丝和盐，抓匀后腌制约30分钟入味。

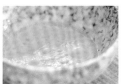

3 鸡蛋打散。

4 倒入腌制好的鸡肉条里，搅拌均匀。

5 再裹上一层面粉。

6 平底锅热锅加油，放入鸡肉条。

7 中火煎至底部微黄后翻面。

8 继续中火煎至表面变得微黄。

9 盛出备用。

10 把番茄酱、细砂糖、陈醋、玉米淀粉和清水倒入小碗中，搅拌均匀。

11 倒入平底锅中，中火煮至浓稠。

12 倒入鸡肉条翻炒。

13 炒至鸡肉条均匀裹上酱汁后，撒上熟芝麻，即可。

小贴士

步骤5中使用的面粉筋度没有要求，也可以用玉米淀粉代替。

平底锅苏打饼干

低筋面粉 140g ▌温牛奶 50g ▌葱花 30g ▌
玉米油 20g ▌酵母 1.5g ▌盐 1g ▌小苏打 1g ▌

葱香味十足的苏打饼干，是大人、小孩都爱吃的小零食，做起来也并不难。对于家有烤箱的朋友，随时就能烤上一盘享用。这道平底锅苏打饼干，制作时不用烤箱，光靠一个不粘锅就能轻松完成，赶紧试试吧。

扫码观看视频

步骤

1 把酵母和温牛奶混合。

2 拌匀后静置10分钟。

3 把低筋面粉、玉米油、小苏打和盐倒入搅拌碗里。

4 倒入葱花，分次倒入牛奶。

5 搅拌成絮状后开始手揉。

6 揉成光滑不粘手的面团，盖上保鲜膜，室温下静置40分钟。

7 在案板上撒上干面粉防粘，取出面团揉搓排气。

8 用擀面杖尽量擀薄。

9 整成长方形，切成小块。

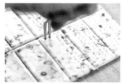

10 在面上用叉子扎出小孔，防止高温膨胀后导致饼干变形。

11 平底锅起小火，放入饼干坯。

12 小火烙至底部微黄后翻面。

13 继续小火烙至两面微黄，口感变得酥脆后出锅。

小贴士

1 适当的温度可以加快发酵，不过要注意牛奶温度不要超过40℃，过高的温度会让酵母失去活性。

2 小苏打可以起到膨松剂的作用，不加小苏打的饼干口感就没那么好了。

3 注意不同牌子的面粉吸水性不同，牛奶的用量要根据面糊的干湿度适当调整。另外，不喜欢葱花的话，可以换成芝麻，或者干脆不加，做成原味的。

4 平底锅做出来的饼干，口感会偏扎实一些。如果想要更薄脆的话，可以尽量擀薄一些。

5 一次吃不完的，可以密封后常温保存，2～3天内吃完。

这阶段的宝宝牙齿已经长齐。食物品种的丰富，也会使宝宝在这阶段爱上吃饭。

4

24～36个月
宝宝辅食添加计划

原味雪花酥

🍽 食材

小饼干 150g ▎棉花糖 150g ▎蔓越莓干 60g ▎
坚果 60g ▎全脂奶粉 45g ▎无盐黄油 45g

　　雪花酥，其实是在牛轧糖的基础上，
加了饼干，外头再撒一层薄薄的奶粉呈雪花
状。饼干的加入不仅可以中和甜味，酥松的口
感也和牛轧糖有很大的区别。

　　雪花酥和牛轧糖做法类似，同样是用一口
不粘锅就能搞定，不需要烤箱，在家就能轻松
完成。看着洋洋洒洒飘落的"雪花"，喵姐和
喵小弟都欢呼起来了。

扫码观看视频

🍲 步骤

1 把坚果、蔓越莓干和饼干倒入搅拌碗里。

2 将无盐黄油切成小丁后放入不粘锅里。

3 用小火化开。

4 倒入棉花糖后用小火炒，让棉花糖慢慢融化。

5 加入全脂奶粉，翻拌均匀。

6 关火，倒入饼干和坚果。

7 利用锅的余温，把食材拌匀。

8 趁糖还未凝固时放入不粘盘内，戴上一次性手套开始塑型。

9 借助擀面杖或其他工具，配合手部按压，整成长方体。

10 整形后立即在两面各撒上一层奶粉，拿起，四边也沾上奶粉。

11 切成合适的大小即可。做好的雪花酥密封后常温保存，两周内吃完。

小贴士

1 坚果可以根据喜好选择，我用的是腰果、开心果和巴旦木。尽量不要使用太酥的饼干，不然一搅拌就碎，影响口感。

2 做这道点心时必须用不粘锅。

3 注意把握好翻炒棉花糖的时间，如果炒至油水分离，会无法成形。如果棉花糖比较大，可以撕小了用，融化更快。

4 全脂奶粉味道最佳，高脂奶粉或婴儿奶粉也都可以。尽量选择糖分低的奶粉。

5 糖凝固后不易搅动，尽量让糖包裹住食材，动作要快。

6 撒上奶粉的步骤，既可以增加奶香味，同时也能防粘。

黄金肉松三明治

🍽 食材

吐司 8片 ▌鸡蛋 2个 ▌生菜叶 2片 ▌植物油 适量 ▌
肉松 适量 ▌沙拉酱 适量 ▌蛋黄液 适量 ▌奶酪碎 适量

吐司 几乎可以和其他食材毫无违和感的搭配起
来，不喧宾夺主，还能衬托出其他食材的香味。这道
黄金肉松三明治，简单易做，营养丰富。满满当当、
多层次的吐司"叠叠乐"，吃起来真是满足。

🍲 步骤

1 将鸡蛋打入搅拌碗中，搅拌均匀。

2 热锅少油，倒入蛋液。

3 小火炒散后，盛起备用。

4 将吐司去边。

5 在吐司上铺上适量鸡蛋碎，挤入适量沙拉酱。

6 盖上另一片吐司，轻轻压实。

7 再铺上适量洗净、切丝的生菜叶，挤入适量沙拉酱。

8 再盖上一片吐司，轻轻按压紧实。

9 再铺上一层肉松。

10 挤入沙拉酱后盖上最后一片吐司。

11 在顶部和四周刷上一层蛋黄液作为装饰，烤出来色泽会更加诱人。

12 涂少许沙拉酱、撒上奶酪碎。

13 做好另一个吐司"叠叠乐"，放入烤盘中。

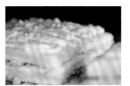

14 放入预热至200℃的烤箱中烤5分钟。

15 切成小块后，即可食用。

扫码观看视频

🥄 小贴士

1　切下的吐司边可以加点葱和黄油，烤成葱香四溢的吐司条。

2　购买沙拉酱时请看一下配料表，尽量选择添加剂少的产品。

3　沙拉酱也可以用花生酱、芝麻酱等代替。除了生菜外，还可以尝试加入圣女果、黄瓜等蔬菜。

4　不同烤箱的温差不一样，尽量用温度计调整好温差再烤。观察到奶酪基本融化，吐司边缘上色均匀，即可出炉。没有烤箱的话也可以用微波炉，加热至奶酪融化即可。

果粒奶冻

食材

牛奶 250g | 椰浆 200g | 吉利丁粉 25g
细砂糖 20g | 草莓 适量 | 芒果 适量

炎炎夏日的午后，来一口酸酸甜甜，冰凉爽滑的果冻，是一件极为惬意的事情。 果冻在制作的过程中会添加食品胶，常用的食品胶有明胶、琼脂、卡拉胶、刺槐豆胶、魔芋粉等，其中的明胶（即吉利丁）是动物胶原蛋白经部分水解所得到的水溶性蛋白质，用明胶做出来的果冻口感柔软且富有弹性，是做果冻非常不错的选择。

扫码观看视频

🍲 步骤

1 草莓洗净、切碎。

2 芒果切丁。

3 分装在容器里,待用。

4 小锅倒入牛奶和椰浆,加入细砂糖。

5 开小火开始煮。

6 把吉利丁粉和清水混合。

7 搅拌混合。

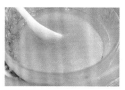

8 隔热水,搅拌至吉利丁粉完全融化。

9 小锅煮沸后,关火。

10 倒入吉利丁液后轻拌,混合均匀。

11 倒入容器里,装满。

12 裹上保鲜膜,冰箱冷藏4小时以上至凝固。

13 脱模后切块,即可食用。

快手馒头比萨

食材

玉米粒 20g ┃ 红甜椒 10g ┃ 无盐黄油 6g ┃ 豌豆粒 5g ┃
鸡蛋 2个 ┃ 大馒头 1个 ┃ 马苏里拉奶酪 适量 ┃ 番茄酱 适量

许多小宝贝都爱吃比萨，这不仅因为它绵软甜香的拉丝口感，还因为它五彩斑斓的外表。不过比萨做起来有点麻烦，还要用到烤箱，大部分朋友平时很少有机会做。这道快手馒头比萨正好解决了这些问题，只需要用普普通通的大白馒头，片刻工夫就能变出喷香美味的比萨来，简单快捷，一口平底锅就搞定。

🍴 步骤

1 馒头切薄片。

2 鸡蛋打散。

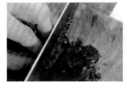

3 红甜椒切小丁。

4 玉米粒和豌豆粒焯水4分钟。

5 沥干备用。

6 把馒头片两面蘸上蛋液。

7 热锅，放入一小块无盐黄油小火化开。

8 把馒头片轻轻放入。

9 小火煎至底部金黄后，翻面继续煎至两面呈现漂亮的金黄色。

10 先关火，刷一层番茄酱。

11 点缀上备好的蔬菜粒。

12 铺一层马苏里拉奶酪碎。

13 盖上锅盖，重新开小火焖煎2~3分钟。

14 等奶酪完全融化，即美美地开餐啦！

小贴士 🍴

1 无盐黄油也可用普通植物油来代替。

2 天然奶酪都可以使用，如果要拉丝效果好的，可以食用马苏里拉奶酪。

3 如果担心底部焦了，可以淋一点清水到锅底再煎。但切忌不要加太多水，以免影响口感。

抹茶毛巾卷

🍲 食材

外皮：
鸡蛋 3个　牛奶 280g　低筋面粉 100g
细砂糖 50g　植物油 25g　抹茶粉 8g

内陷：
淡奶油 300g　草莓 4个　细砂糖 20g
抹茶粉 适量

扫码观看视频

春意盎然的时节，甜蜜的一抹绿总能给人惬意的味觉体验。这道有着鲜翠欲滴外表的蛋糕卷，制作时不用烤箱，因为最后卷起来的方式非常像裹起的毛巾，因此有了一个非常形象的名字：毛巾卷。

饱满丰盈的奶油馅，甘醇微苦的抹茶粉，再配上柔嫩多汁的新鲜草莓，丰富的口感层次给人大大的满足感，而且丝毫尝不出甜点里的油腻感。

🏠 步骤

1 将鲜鸡蛋打入搅拌碗中。

2 加入50g细砂糖，用打蛋器充分拌匀。

3 倒入牛奶，再次拌匀。

4 筛入低筋面粉和抹茶粉。

5 划"Z"字形拌匀后，倒入植物油。

6 把再次拌好的面糊过筛，去除大颗粒，让成品口感更加细腻。

7 不粘锅用小火加热，缓缓倒入适量面糊。小火煎至表面凝固后即可翻面。

8 用刮刀轻轻抬起一角，四周划一圈分离开，抬起不粘锅，顺势移出。

9 平放到铺有油纸的案板上。

10 把锅底用湿毛巾擦拭降温，接着完成剩余的外皮，三个为一组，依次半叠在一起。

11 把洗净的草莓去蒂、切细丁。用厨房纸仔细擦干表面的水分。

12 淡奶油中加入细砂糖，用打蛋器打至出现明显纹理。

13 把草莓丁拌入奶油中，尽量拌匀，把草莓奶油均匀抹在饼皮中央。

14 两边轻轻卷起一部分，盖在草莓奶油上。

15 再沿一端轻轻卷起，依次做好剩余的，放冰箱冷藏30分钟成形，可以让切面更加漂亮齐整。

16 再撒薄薄一层抹茶粉进行装饰，切块后，即可享用。

小贴士

1　粉末过筛后的口感会更加细腻。不喜欢抹茶味的可以用低筋面粉代替，做成原味的。

2　一定不要划圈搅拌，避免面糊起筋。植物油尽量选择无味的玉米油、菜子油等，也可以用化开的无盐黄油代替。摊面糊时倒入的量不要多，轻轻转动不粘锅，平摊后刚好铺满底部即可。太厚的话不容易卷起来，同时也会影响口感。

3　因为不粘锅加热时温度较高，如果马上做下一个，容易煎煳，所以先让锅的温度降下来才好操作。

4　如果用其他水分含量多的水果，也同样要擦干水分，不然会影响成品造型和口感。

5　蛋糕卷的层次、厚度和饼胚的张数有关，我用三张为一组，如果想要更多层、更厚，可以多叠加几张。

6　如果不想吃太冷的食物，对造型也不那么介意的话，可以省去冷藏的步骤。

酱汁虾皮杏鲍菇

食材

杏鲍菇 2个 ┃ 虾皮 5g ┃ 小葱 1根 ┃ 番茄酱 10g ┃
玉米淀粉 5g ┃ 老抽 2g ┃ 清水 200g

步骤

1 把虾皮放入清水中泡软。

2 杏鲍菇洗净后切成约5mm的薄片。

3 在每一片杏鲍菇上都用刀尖轻轻划出"十"字形花刀，便于入味。

4 小葱切末。

5 在小碗里把清水、玉米淀粉、番茄酱和老抽混合拌匀。

6 热锅少油，将杏鲍菇带刀痕的一面朝上码入，小火煎至底部微黄。

7 再倒入酱汁和虾皮，拌匀。

8 加盖，小火焖煮约5分钟。

9 熬煮至汤汁浓稠，加盐调味后出锅。

10 撒上葱花，即可食用。

烹饪后的杏鲍菇有着淡淡的杏仁香气，入口肥美、紧实、有如鲍鱼的口感，若用好的调味汁进行调味，真的比肉还好吃！

这道酱汁虾皮杏鲍菇，饱吸了浓郁酱汁，无论大人孩子，都会忍不住咽口水。

扫码观看视频

红糖小锅盔

🍽 食材

中筋面粉 210g ┃ 红糖 40g ┃ 酵母 3g ┃ 植物油 适量 ┃
黑芝麻 适量 ┃ 温水 100g

红糖锅盔 作为一道传统的地方小吃，
香甜有嚼劲的口感一直深受大家的喜爱。刚刚烙
好的锅盔热腾腾地冒着热气，面皮松软有嚼劲，
一口咬下，半流动的红糖馅儿混着芝麻醇厚的口
感，入口甜滑。

扫码观看视频

🥢 步骤

1 把温水与酵母混合。

2 倒入面粉中，边倒边搅拌。

3 加入5g植物油，拌匀。

4 揉至面团光滑不粘手。

5 套上保鲜膜，静等发酵。

6 将红糖和中筋面粉混合备用。

7 发酵至面团体积变为原来的2倍大后，面团内部出现呈蜂窝状的面筋组织。

8 揉搓排气后搓成长条，切分成八等份小剂子。

9 盖上保鲜膜，静置10分钟，让面筋得到松弛。

10 把其中一份搓圆。

11 用擀面杖擀薄。

12 舀入适量红糖馅料。

13 提起边缘的面皮，边捏褶子边收口。

14 把有褶子的一面朝下放，点缀上黑芝麻。

15 热锅少油，把面饼码入，盖上盖用小火慢煎。

16 煎至底部金黄后，翻面继续盖盖子焖煎。

17 煎至两面金黄，即可盛出。

小贴士 🍴

❶ 煎的时候要用小火，否则面饼会变硬不会形成中空。煎的时候要盖上锅盖，保证足够的温度和湿度。

❷ 一次吃不完的，可以放入冰箱冷冻保存，但要在两周内吃完。

金沙南瓜条

🍽 食材

南瓜 400g┃咸蛋黄 4个┃植物油 适量

蛋黄南瓜是一道非常好吃的杭州小吃。因为是在南瓜的外头裹了一层口感沙软的蛋黄，因此也叫金沙南瓜。制作时，将南瓜放入在油锅中炸得外酥内软，可是因为烹炸的方式并不健康，并不适合小朋友。这道非油炸版方子，用油少，并且香糯可口，老少咸宜，绝对要试一试。

扫码观看视频

🍲 步骤

1 南瓜洗净、去瓤，削去外皮。

2 切成长、宽、粗、细都和手指相近的长条。

3 烧一锅水，水开后倒入焯烫约3分钟。

4 舀出，沥干待用。

5 咸蛋黄冷水上锅，水开后大火继续蒸约10分钟。

6 用勺背碾碎。

7 热锅少油，倒入咸蛋黄用小火翻炒。

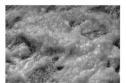

8 炒至蛋黄微微冒泡，变得黏稠。

9 倒入南瓜条继续翻炒。

10 继续小火炒至南瓜条均匀裹上咸蛋黄，即可出锅。

小贴士

① 老南瓜水分含量少、口感粉糯香甜，挑选时尽量选择色泽金黄的老南瓜。

② 南瓜焯水不但有助于成形，同时会减少后面翻炒的时间，减少煳锅的概率，而且更容易入味。不过要注意焯烫的时间不能太久，煮到刚刚断生，可以用筷子夹起但又有一点软的状态即可。

③ 水分要充分沥干，在后面翻炒时才更容易裹上蛋黄。

④ 注意翻炒的全程要用小火，以免煳锅。

扫码观看视频

鲜奶麻薯

食材

牛奶 170g | 糯米粉 25g | 无盐黄油 5g | 木薯淀粉 5g |
玉米淀粉 5g | 细砂糖 5g | 黄豆粉 适量

步骤

1 把牛奶倒入汤锅中，加入糯米粉、木薯淀粉、玉米淀粉充分拌匀。

2 加入细砂糖和无盐黄油。

3 汤锅开小火，边煮边搅拌。

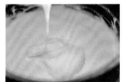

4 小火煮至浓稠顺滑，盛出，彻底冷却。

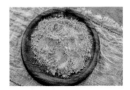

5 在盘子里撒上黄豆粉。

6 把鲜奶麻薯舀入，拌一拌就可以开吃了。

传统的小糍粑做法是把蒸熟的糯米不断捣至黏糯，耗时耗力，而且因为过于黏糯，不适合小宝宝食用。这道鲜奶麻薯，和小糍粑一样香甜筋道，但口感上要软嫩许多，2岁左右的宝宝也可以放心品尝。做法上也很简单不少，再加上浓郁的奶香，一定更受小朋友欢迎。

小贴士

1. 做好麻薯的关键是各种粉的比例，做这道美食记得提前用厨房秤称量好食材分量，以确保最佳口感。
2. 无盐黄油可以用普通植物油代替，但口感会差很多。
3. 熬煮时间大概是10分钟左右。
4. 冷却的过程中，糊化后的淀粉会让麻薯变得凝固、筋道。
5. 自制黄豆粉可以把黄豆炒熟后，用料理机打成粉，掺入细砂糖即可。或者用芝麻粉、坚果碎等都可以，鲜奶麻薯特别百搭，怎么都好吃。
6. 吃的时候，用小勺舀起适量麻薯，在黄豆粉上裹一圈，软软嫩嫩，粉粉糯糯，特别好吃。

鸡蛋灌饼

扫码观看视频

食材

饼皮：
中筋面粉 100g ▌温水 60g ▌盐 2g
油酥：
中筋面粉 15g ▌植物油 10g
其他：
鸡蛋 2 个 ▌生菜 3 片 ▌番茄酱 适量

这道早餐摊子经常能看到的鸡蛋灌饼，说简单也简单，说难也难，希望大家能把握好这步骤中的每一步，给孩子们做出完美的早餐来。

1 把盐加到温水里，用筷子搅拌溶解。

2 把温水缓缓倒入普通面粉中，边加边用筷子拌成絮状。

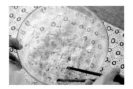

3 搅拌成如图所示的程度，就可以用手揉了。

4 揉成光滑面团后，盖上保鲜膜，醒发20分钟，让面团松弛。

5 取一口小锅，起小火，倒入适量植物油。

6 倒入15g普通面粉，快速翻炒。

7 等面粉和油脂混合均匀后，关火，把油酥盛起，放凉备用。

8 打一个鸡蛋，用筷子把蛋黄、蛋清拌匀。

9 案板上撒一层面粉，把醒发好的面团揉搓成长条状。

10 分成三等份的小剂子。

11 取一个小剂子，按扁。

12 再用擀面杖擀成薄薄的牛舌状。

13 把彻底凉凉的油酥均匀涂抹在面皮上。

14 把面皮对折起来。

15 从一侧慢慢卷起，卷成铺盖状。

16 收口朝下，把饼坯直立。

17 摁平。

18 用擀面杖围着饼中心转圈擀薄。

19 平底锅热锅少油，把饼胚放进去，中小火煎约30秒。

20 翻面，稍稍再煎一会儿，煎至饼坯鼓起。

21 用筷子轻轻挑开一道口子,把蛋液缓缓倒进去。

22 把饼皮盖好,继续煎约20秒。

23 翻面,继续煎约30秒,把两面煎熟。

24 抹上番茄酱或者甜面酱,铺上生菜叶。生菜叶可以提前洗净,在开水里烫一会儿,会更加卫生。

25 刚煎好的饼皮比较脆硬,稍稍放凉就会变软,这时候就可以两面对折起来。

小贴士

1 每个牌子的面粉吸湿性不一样,要根据面粉状态来决定加水量。

2 油酥是鸡蛋灌饼口感酥脆的关键,炒制后要有类似浆糊的黏稠感,不要做得太稀,不然饼皮不会鼓起,蛋液就无法灌进去了。

3 涂抹油酥时不需要多,薄薄一层即可。油酥的作用是让面皮起层次,这样受热后饼皮就会像气球一样膨胀鼓起,里面的空间就可以灌入蛋液了。

4 擀的时候不要过于用力,避免将油酥挤出。照这个方法依次做好剩余的饼坯。

5 蛋液灌进去后,会有一些从开口处流出,不需要担心。翻面后蛋液预热就会自动黏合了。

6 也可以根据宝宝的口味要求,夹点番茄片、黄瓜条、土豆丝,或者新鲜水果等。

枸杞桂花水晶糕

🍲 食材

干桂花 3g ▎枸杞子 20粒 ▎吉利丁片 25g ▎
冰糖 10g ▎清水 550g ▎冰水 适量

桂花飘香的季节里，那份美好又馥郁的桂花香，只有制成了食物，才能较长久地保存下来。在江南，桂花有各式各样的吃法，像桂花糖、桂花茶、桂花糯米藕等等。这道桂花水晶糕的做法，玲珑剔透的外表配上香滑软糯的口感，真是美到了极点。

🍴 步骤

1 在小锅中倒入清水，大火煮开。

2 水开后加入干桂花。

3 关火，加盖闷5分钟。

4 用滤网滤出桂花，滤出的桂花茶备用。

5 把吉利丁片放入冷水中，浸泡至软。

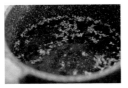

6 把煮好的花茶重新倒回锅里，加入枸杞、冰糖，重新加入干桂花。

7 小火煮至冰糖融化后关火，加入吉利丁片。

8 吉利丁片完全融化后，放入冰水中冷却。

9 完全放凉后，放入冰箱中冷藏，至花茶稍稍凝固。

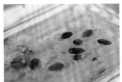

10 取一个方形容器，均匀倒入花茶。

11 用保鲜膜封好，放入冰箱冷藏3小时以上，至完全凝固成固体。

12 冰箱取出，用小刀沿四壁划一圈，倒扣脱模。

13 切成小块，即可享用。

小贴士 🍴

1 吉利丁片也可以用吉利丁粉代替。

2 放入冰水中是为了缩短冷却时间，也可以放在常温下自然冷却。

3 从冰箱取出后，可以用勺子拌一拌，让枸杞和桂花悬浮在中间，避免全部浮在表面上，成品会更加漂亮。

4 24～36个月宝宝辅食添加计划　167

菌菇沙姜鸡

🍳 食材

鸡腿 3个 ▎海鲜菇 100g ▎沙姜 20g ▎玉米淀粉 10g ▎冰糖 4g ▎
老抽 2g ▎盐 1g ▎葱花 适量 ▎植物油 适量 ▎温水 适量

沙姜，这种在两广地区非常常见的佐料，和生姜比起来辛辣味会淡一些，不仅能去腥，还有提鲜增香的作用，尤其适用于各种肉类的烹制。这道沙姜鸡，做法简单方便，鸡肉清香嫩滑，海鲜菇的加入，使得成品滋味浓郁鲜美。

🍴 步骤

1 鸡腿洗净，用食物剪把连接腿骨和四周的肌肉组织剪开，抽出腿骨。

2 把鸡肉切成小块。

3 加入玉米淀粉、盐，抓匀后腌制15分钟。

4 将沙姜洗净，切成薄片。

5 热锅少油，烧热后倒入沙姜炒香。

6 倒入鸡块，翻炒至变成白色。

7 加入冰糖，炒至化开。

8 加入海鲜菇和老抽。

9 翻炒约2分钟。

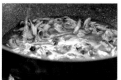

10 倒入适量温水，稍稍没过食材。

11 盖上盖子，中火焖煮至水分略干。

12 关火，揭盖。

13 撒上葱花，即可食用。

小贴士 🍴

1 如果用整鸡斩件来做，沙姜和其他调味料的用量可以适当增加一点。

2 拌入淀粉，可以让鸡肉在烹炒过程中更加嫩滑。

3 沙姜也可用普通生姜代替。

4 24～36个月宝宝辅食添加计划　169

这一阶段的宝宝每一餐都要有主食、菜，重视荤素搭配，还要注重营养均衡。原则上不吃油炸食品、腌制食品，仍然要控制盐的摄入量。

5

36个月及以上
宝宝儿童餐添加计划

五香茶叶蛋

🍲 食材

鸡蛋 8个 ┃ 红茶 8g ┃ 老抽 8g ┃ 盐 4g ┃ 八角 2个 ┃
香叶 2片 ┃ 桂皮 1片 ┃ 清水 适量

🍚 步骤

1 把鸡蛋冷水入锅，水开后转中火煮8分钟。

2 捞出放凉备用。

3 在砂锅（或汤锅）中放入桂皮、香叶、八角、红茶、老抽、盐。

4 注入清水，高度没过鸡蛋即可。

5 大火煮开后，转小火继续煮3分钟。

6 把煮熟的鸡蛋轻轻敲出裂缝。

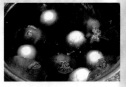

7 将鸡蛋放入汤锅中。

8 再次烧开后转小火，加盖煮6分钟左右。

9 关火，浸泡过夜入味。

10 剥皮后品尝。

小贴士

① 鸡蛋的数量自由把握，想做几个放几个。

② 茶叶没有特殊的要求，用红茶泡出来的茶叶蛋色泽会更诱人。

③ 浸泡的时间越长越入味，两三天内吃完即可。另外，茶叶放久了单宁酸会大量析出导致口感发涩，所以泡一段时间后可以将菜叶捞出。

小时候我很喜欢吃茶叶蛋，经常在上学路上买早餐时顺带买一个，就着包子、馒头或者肠粉就能吃得津津有味。茶叶、大料和鸡蛋同煮于一锅飘出的袅袅香气，总让人食欲大开。

　　不过现在有了娃，茶叶蛋倒是吃得少了，也不想给喵姐弟吃外面的茶叶蛋，怕不干净不健康。前段时间有朋友问起茶叶蛋的做法，就打算分享一下，方便大家在家里自制，既饱了口福，又吃得放心。

扫码观看视频

草莓冰糖葫芦

 食材

草莓 适量 ▍冰糖 150g ▍清水 170g

又到了吃糖葫芦的季节，瞧着酸，吃着甜，遇上卖糖葫芦的，小朋友总会缠着家长买一支，这大抵是对冰糖葫芦的印象了。和小时候清一色红彤彤的山楂糖葫芦相比，如今的糖葫芦有了更缤纷的颜色和口味选择，喵姐和喵小弟尤其喜欢草莓做的糖葫芦，不仅免去了山楂吐核的麻烦，少了酸涩的口感，而且草莓水分足，吃起来也没那么酸，口感更棒。

扫码观看视频

🍳 步骤

1 草莓放入水中浸泡，去除表面杂质后，摘去叶子。

2 用流动的清水反复清洗干净。

3 用厨房纸轻轻擦干草莓表面的水分，这样蘸糖浆时才能裹得更均匀。

4 用竹扦将草莓穿成串。

5 向锅中倒入冰糖和清水，中火熬化冰糖。

6 冰糖化开后，转小火，慢慢熬煮。

7 熬至糖浆呈琥珀色、浓稠时，用筷子沾上少许糖浆，快速放入凉水中，如果糖马上凝固，就代表糖浆熬好了。

8 将糖葫芦放入锅中蘸满糖浆。

9 把做好的糖葫芦放在烘焙用的油纸上，糖浆完全凝固成形后，轻轻一拨，就可以开吃了。

小贴士

1 熬糖浆时最好用冰糖，做出的冰糖葫芦亮晶晶，而且糖不发黑。

2 熬糖浆过程中尽量不要去搅动，避免结晶翻砂。

3 糖浆凝固后最好用手捏一捏、按一按，如果没有变形，才是熬好的状态。

4 因为要做好几串，所以尽量把握好每一串蘸糖浆的时间，中途不要停顿。如果糖葫芦很长，锅放不下，也可以用小汤匙舀糖水浇在糖葫芦上。另外，如果在挂糖时感觉糖水变得很厚重了搅不动，那就重新在锅中加水，熬到之前的状态时再接着做剩余的糖葫芦。还有一点要特别注意的是，熬糖时千万不能用手碰糖浆。糖浆聚集了热量，容易烫伤。

5 学会了做冰糖葫芦的方法，除了草莓，当然也可以试试用包括山楂在内的其他新鲜水果来做糖葫芦。当然，甜食不要多吃哦。

糖醋黄花鱼

🍲 食材

黄花鱼 1条 ▎玉米淀粉 适量 ▎生姜片 2片 ▎小葱 1根 ▎蒜头 1瓣 ▎
番茄酱 15g ▎细砂糖 3g ▎白醋 2g ▎盐 1g ▎温水 100g ▎水淀粉 50g

黄花鱼，包括大黄鱼和小黄鱼，都是我国传统的四大海产之一。鲜美细嫩的肉质和极少有小刺的特点，让黄花鱼也成为能够放心给小朋友品尝的鱼肉之一。这道简单易做的黄鱼美食，煎得外酥里嫩的鱼肉配上酸酸甜甜的酱汁，绝对是餐桌上开胃诱人的新宠。

扫码观看视频

🐟 步骤

1 洗净的黄花鱼擦干表面的水分后，两面裹上玉米淀粉。

2 热锅加油，加入生姜。

3 油热后放入黄花鱼。

4 中小火煎至一面成形后，翻面再煎，直至两面金黄酥脆。

5 盛起备用。

6 小葱切花，葱白部分留起备用。

7 大蒜切末。

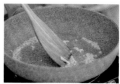

8 重新热锅，加入葱白和蒜末，利用煎鱼的底油炒出香味。

9 加入温水。

10 加入番茄酱、白醋、细砂糖和盐。

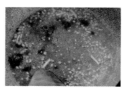

11 小火熬煮约3分钟。

12 加入水淀粉。

13 煮开后关火。

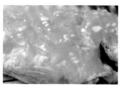

14 淋上酱汁，撒上葱花，这道糖醋黄花鱼就做好了。

小贴士 ✎

1 裹淀粉可以防止鱼皮粘锅，煎完后能保留完整的鱼皮，并且口感外酥内嫩。

2 煎鱼的时长和火候、锅的导热性、鱼的大小都有关系，一般需煎10分钟左右，确保熟透。

3 尽量用不粘锅来煎，这样可以避免糊锅。

4 提前用玉米淀粉和清水兑好水淀粉。

5 注意给小朋友吃鱼的时候，务必要将鱼刺仔细挑出，防止意外发生。

巧克力蛋糕

🍽 食材

黑巧克力（液态）60g ▎黑巧克力块（固体）适量 ▎
无盐黄油 50g ▎低筋面粉 30g ▎细砂糖 15g ▎鸡蛋 2个

充满了浓情蜜意的巧克力熔岩蛋糕，也叫作"心太软"，是一款特别浪漫的美食。用叉子舀出一部分蛋糕后，看着浓稠的巧克力浆缓缓流出，那一刻就会觉得生活特别美好。

做法大致有两种，一种是利用高温短时间烘烤，让外面面糊凝固而里面还是液体的状态，做出来的流心效果。但这种做法并不太适合小宝宝吃。另一种是在面糊的中间放入巧克力块，让它受热融化。这道料理用的就是第二种方法，更适合孩子们吃，成功率也会高很多。

扫码观看视频

1 将黑巧克力和无盐黄油一起放入碗中，用隔水加热法化开。

2 用小勺将巧克力液搅拌成顺滑、无颗粒的状态。

3 将鸡蛋打入碗中，加入细砂糖。

4 用电动打蛋器打发至颜色发白，体积稍稍膨胀。

5 倒入黑巧克力黄油液中。

6 划"Z"字形拌匀。

7 筛入低筋面粉。

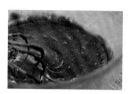
8 再次划"Z"字形拌匀。

9 盖上保鲜膜，放入冰箱冷藏半个小时。

10 倒入裱花袋里。

11 先在纸杯底部挤一层巧克力糊，接着放一两块黑巧克力块。

12 再挤入一层巧克力糊，顶部留少许空间，供蛋糕膨胀。

13 放入预热到210℃的烤箱中层，上、下火烘烤约12分钟。

14 烤好后放烤架上稍稍放凉。

15 撕开纸杯，取出蛋糕。

16 撒上一层糖粉装饰下。

小贴士

1 划"Z"字形可以让面粉很快地融合，并且避免面糊起筋。

2 模具也可以用耐高温的陶瓷杯或不锈钢模具。

3 看到面糊膨胀，表面出现一丝丝细小裂缝的时候就要取出来了，烤太久蛋糕表面会开裂，容易塌陷。

4 糖粉只是用来装饰，可根据个人喜好选用。

芒果酸奶雪糕

🍲食材

芒果 1个 ▎浓稠酸奶 120g ▎百香果 2个 ▎细砂糖 5g

市售的冰淇淋大多含有添加剂，材料也不一定让人放心，在炎热的夏季，在家试着做给孩子们吃解解馋，自然是再好不过了。

扫码观看视频

🍲 步骤

1 芒果洗净、去皮，取250g果肉备用。

2 百香果洗净后对切成两半，挖出果肉。

3 借助滤网滤出果汁。

4 把百香果汁和芒果肉倒入料理机中。

5 加入浓稠酸奶和细砂糖。

6 搅打均匀。

7 在备好的雪糕模具中插入小木棍。

8 倒入搅拌好的果泥，轻震出气泡后放入冰箱冷冻4小时以上。

9 取出脱模，即可食用。

小贴士

1 除了芒果，还可以用菠萝、水蜜桃等果肉含量丰富的水果代替。

2 百香果的加入是为了增加风味和口感，如果没有的话可以不加。

3 糖可以根据其他食材的甜度和宝宝年龄适当增减。

新春开屏鱼

年夜饭的餐桌上少不了鱼，这道简单美味颜值颇高的家常美食，鲜美的武昌鱼切片造型，上锅清蒸，再淋上浓郁的酱汁，就是一道美味佳肴。

扫码观看视频

食材

武昌鱼 1条 ┃ 生姜 2片 ┃ 姜丝 2g ┃ 盐 2g ┃ 大葱 适量 ┃
枸杞子 适量 ┃ 老抽 2g ┃ 葱头 适量 ┃ 清水 80g

步骤

1 把已经处理干净内脏、鱼鳞、鱼鳃的武昌鱼切下头尾。

2 鱼背和鱼肚上的鱼鳍也切去。

3 沿鱼背切出约0.6cm左右的鱼段，注意不要完全切断。

4 在平盘上放上姜片和切成细丝的大葱。

5 在砧板上给鱼身两面均匀地抹上盐。

6 在平盘上摆出造型。

7 靠中心的地方放上鱼头，撒上生姜丝，腌制15分钟左右去腥入味。

8 冷水上锅，水开后大火继续蒸约15分钟。

9 蒸的过程中来准备酱汁。热锅少油，倒入葱头翻炒出香味。

10 加入清水和老抽，炒匀后备用。

11 蒸好的鱼肉挑出姜丝。

12 淋入酱汁。

13 点缀上枸杞子或者红椒等作为装饰，即可食用。

小贴士

武昌鱼做开屏的造型较为漂亮，缺点是刺多。如果担心鱼刺太多，可以考虑用鲈鱼、鳜鱼等代替，刺会相对少一些，不过造型没有那么好看。

水果星冰乐

🍽 食材

椰奶 200g ▌香蕉 100g ▌淡奶油 80g ▌火龙果 50g
苹果1个 ▌细砂糖 4g ▌柠檬 1片

　　逛星巴克的朋友肯定对星冰乐这款饮
品不陌生。丝滑的奶油拌着冰冰凉的可口饮
品，多种味道在口腔中交融渗透，清爽怡人的
同时，暑气也似乎减了不少。这道改良版的自
制星冰乐，添加了各种水果，冰凉又奶香味十
足，小朋友们也可以放心享用咯！

扫码观看视频

🍲 步骤

1 苹果削皮，将果肉切成小块。

2 火龙果剥皮后，将果肉切小块。

3 把苹果块、火龙果块，还有切段的香蕉放入碗里，盖上保鲜膜，冰箱冷冻4小时以上。

4 把冷冻后的果肉取出，倒入料理机里。

5 挤入几滴柠檬汁，增加风味。

6 再加入椰奶。

7 搅打成细腻的奶昔。

8 倒入杯子中。

9 在淡奶油里加入细砂糖。

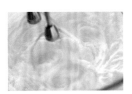

10 用电动打蛋器低速打发至纹路明显。

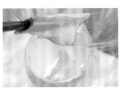

11 倒入裱花袋里，套上裱花嘴。

12 在奶昔顶上挤上奶油裱花装饰后，就可以尽情享用了。

砂锅蘑菇焖虾

🦐 食材

鲜虾 400g · 甜椒 20g · 口蘑 6个 · 蒜头 2瓣 · 小葱 1根
生姜丝 2g · 细砂糖 3g · 老抽 2g · 盐 1g · 温水 250g · 植物油 适量

这道 用菌菇搭配鲜虾来做的家常美食，简单几步就能做出原汁原味的口感！饱吸了酱汁的菌菇配上鲜嫩美味的虾肉，绝对好吃到要舔手指！

🍲 步骤

1 口蘑洗净、去蒂，切成小块。

2 大蒜切末。

3 甜椒洗净后切丁。

4 小葱切末。

5 鲜虾用镊子从虾背中间挑出虾线。

6 加入少许盐，抓匀、腌制15分钟左右。

7 在小碗中倒入切好的蒜末、老抽、细砂糖、温水，拌匀备用。

8 砂锅中倒油，开中火。

9 等锅烧热后放入生姜丝。

10 倒入口蘑翻炒约1分钟。

11 沿锅边码入腌制好的鲜虾。

12 淋入酱汁，加入甜椒丁。

13 盖上盖子，转小火焖煮8~10分钟。

14 揭盖，撒葱花，即可食用。

扫码观看视频

双色心形布丁

🍲 食材

绿色部分:
淡奶油 130g ▎牛奶 160g ▎吉利丁片 16g ▎
细砂糖 10g ▎抹茶粉 2g ▎温水 30g

白色部分:
淡奶油 80g ▎牛奶 80g ▎吉利丁片 8g ▎细砂糖 5g

七夕 这个甜蜜的日子,再多的情
话都不及一份亲手为他/她而做的美食。
这道爱意绵绵的甜品,相信无论是谁,
都会被这讨巧的造型所吸引。做法也非
常简单,一起来看看吧。

🍴 步骤

1 两种颜色的布丁将分两次来制作，先来做绿色布丁。把抹茶粉和温水混合拌匀。

2 把16g吉利丁片放入清水中泡软。也可以用吉利丁粉来代替。

3 把淡奶油倒入小锅中，加入牛奶和细砂糖。

4 开小火，等细砂糖融化后关火，加入软化后的吉利丁片，迅速拌匀至完全融化。

5 把抹茶液倒入小锅中，趁热拌匀。

6 盛出备用。

7 准备两个300mL左右的圆形杯子，将杯子倾斜45度并固定。

8 把液体缓缓倒入两个杯子里，放入冰箱冷藏至凝固。

9 等绿色布丁凝固好后，继续做白色布丁。将吉利丁片泡水软化。

10 用同样的方式做出白色奶浆。

11 盛出，放凉至室温。

12 取出冷藏凝固好的绿色布丁，把玻璃杯旋转180度。

13 缓缓倒入白色奶浆，让两边液体尽量对称。继续放入冰箱，冷藏至完全凝固。

小贴士 🥄

　1　除了淡奶油，也可以用椰浆、清水等代替。糖的分量可以根据个人口味来调整。

　2　注意在吉利丁片融化时，切忌加热至沸腾，不然会影响吉利丁的凝固效果。

干锅菜花

🍽 食材

五花肉 100g ▮ 菜花 300克 ▮ 蒜苗 1根 ▮ 生姜 1片 ▮
老抽 2g ▮ 盐 1g ▮ 植物油 适量

干锅菜花 是一道好吃不贵的家常菜。用小片微焦的五花肉提鲜，再加上辣椒炝锅的香味，鲜香下饭，全家人都爱。这道改良版的干锅花菜，没有过于刺激的调味，但口感同样出众，相信全家人都能吃得开心又健康！

扫码观看视频

步骤

1 菜花洗净、去蒂，切成小段。

2 倒入汤锅中，开水焯约1分钟。

3 捞出后立即放入冷水中浸泡，保持鲜脆口感。

4 生姜切丝。

5 蒜苗洗净，切成小段。

6 五花肉洗净后切薄片。

7 热锅少油，放入蒜苗炒出香味。

8 加入五花肉，中火翻炒至出油。

9 加入老抽，翻炒至五花肉均匀上色。

10 倒入沥干的菜花。

11 继续翻炒至菜花微微焦黄，烹入老抽。

12 加入剩余的蒜苗段，调入盐，翻炒均匀后出锅。

 小贴士

1 老抽只是使菜品色泽更漂亮，也可以放一点冰糖炒糖色来代替。

2 盐可以根据年龄和口味适当增减。

图书在版编目（CIP）数据

跟着拾爸做辅食，30分钟搞定宝宝爱吃的营养餐.
按月龄基础篇/拾味爸爸著.—北京：中国轻工业出版社，
2020.12

ISBN 978-7-5184-3203-5

Ⅰ.①跟… Ⅱ.①拾… Ⅲ.①婴幼儿–食谱
Ⅳ.①TS972.162

中国版本图书馆CIP数据核字（2020）第183952号

责任编辑：卢　晶　　责任终审：李建华　　整体设计：锋尚设计
策划编辑：卢　晶　　责任校对：李　靖　　责任监印：张京华

出版发行：中国轻工业出版社（北京东长安街6号，邮编：100740）
印　　刷：北京博海升彩色印刷有限公司
经　　销：各地新华书店
版　　次：2020年12月第1版第2次印刷
开　　本：720×1000　1/16　印张：12
字　　数：250千字
书　　号：ISBN 978-7-5184-3203-5　定价：49.80元
邮购电话：010-65241695
发行电话：010-85119835　传真：85113293
网　　址：http://www.chlip.com.cn
Email：club@chlip.com.cn
如发现图书残缺请与我社邮购联系调换
201398S1C102ZBW